赣南科技学院优秀学术著作出版基金资助

U0185387

规约和验证并发数据结构

文堂柳　著

中南大学出版社

www.csupress.com.cn

·长沙·

图书在版编目(CIP)数据

规约和验证并发数据结构 / 文堂柳著. —长沙：
中南大学出版社，2023.8
ISBN 978-7-5487-5450-3

Ⅰ. ①规… Ⅱ. ①文… Ⅲ. ①微处理器－数据结构－
研究 Ⅳ. ①TP332

中国国家版本馆 CIP 数据核字(2023)第 127395 号

规约和验证并发数据结构
GUIYUE HE YANZHENG BINGFA SHUJU JIEGOU

文堂柳　著

□出 版 人	吴湘华	
□责任编辑	陈应征	
□责任印制	唐　曦	
□出版发行	中南大学出版社	
	社址：长沙市麓山南路	邮编：410083
	发行科电话：0731-88876770	传真：0731-88710482
□印　　装	石家庄汇展印刷有限公司	

□开　　本	710 mm×1000 mm 1/16	□印张 13.25	□字数 182 千字	
□版　　次	2023 年 8 月第 1 版	□印次 2023 年 8 月第 1 次印刷		
□书　　号	ISBN 978-7-5487-5450-3			
□定　　价	78.00 元			

前　言
Preface

　　数据结构是软件的根基，直接影响着软件的性能。随着多核处理器技术的不断革新，要充分利用多核资源来提升程序的性能，设计和实现高并发的数据结构变得越来越重要。为获得更好的性能，程序开发者会尽可能采用细粒度的同步技术来实现并发数据结构。然而，这些并发数据结构灵巧复杂、易出错、可靠性难以保证。因此，形式化规约与验证并发数据结构对提高并发软件的可靠性和安全性有重要意义。

　　可线性化是一个主流的并发数据结构安全性标准，笔者针对并发数据结构可线性化标准及其验证方法进行了深入的研究。本书分析了并发数据结构可线性化标准的局限性，在此基础上提出了强可线性化标准。验证并发数据结构强可线性化最困难的部分是验证可线性化。正如 Khyzha 所说，尽管有大量的可线性化验证技术，但要验证复杂的并发数据结构可线性化仍是一项极具挑战性的任务。本书致力于提供简单易用的方法验证并发数据结构的可线性化，具体做了如下几个方面的工作：

　　（1）分析了可线性化的两个局限：①可线性化给客户带来的是观察精化的保证，而不是观察等价的保证；②即使客户端以和并发数据结构方法非交互的方式直接访问数据结构，可线性化的观察精化保证也会被破坏。针对以上两个局限，笔者提出了并发数据结构的强一致性标准——强可线性化，并证明了强可线性化蕴含观察等价和即使在一个允许客户端以兼容的方式直接访问数据结构的程序模型下，强可线性化的观察等价保证也不会被破坏。本书选择客户端的执行路径作为客户的观察行为，这使得客户既能够观察到客户端程序的最终状态，也能够观察到相关的时态属性。对于强可线性化的一种特例，即并发数据结构的实现和规约有相同状态空间的强可线性化（称这个规约为顺序规约），本书揭示了并发数据结构相对顺序规约的强可线性化与相对其他抽象模型的强可线性化之间的联系。直观地讲，顺序规约可视为并发数据结构最大化的原子抽象，即要证明一个并发数据结构相对一个更抽象的模型是强可线性化的，可简化为证明顺序规约和这个抽象模型的相关联系。因为顺序规约和这个抽象模型的方法都是原子的，显然证明后者比证明前者容易得多。

（2）提出了基于抽象约简的可线性化验证方法，并应用该方法验证了 MS 无锁队列、DGLM 队列、HSY 栈、数据对快照（pair snapshot）、基于惰性链表的集合（lazy set）、基于乐观锁的集合（the optimistic list）等灵巧复杂的并发数据结构。本书提出的基于抽象约简的可线性化验证方法与其他基于 Lipton 约简的可线性化验证方法的不同之处在于：①基于抽象约简的可线性化验证方法仅要求满足抽象语义的子路径是可约简的，而不要求整个路径是可抽象约简的；②把路径抽象约简从单路径扩展到双路径；③对于不可约简的读方法，通过可达性证明把读方法转化成一个可达点，将可线性化证明化简到证明写方法与可达点的约简性。总之，基于抽象约简的可线性化验证方法既保持了 Lipton 约简的简单、直观、易用，也将 Lipton 约简方法应用到更多灵巧复杂的并发数据结构中。

（3）对于一个可线性化的并发数据结构的封装扩展，证明了要验证这个扩展后的并发数据结构的可线性化，可证明由抽象方法代替它里面的具体方法后生成的并发数据结构的可线性化。因为抽象方法都是原子的，证明后者要比证明前者容易得多。依据这个结论，本书使用基于抽象约简的可线性化验证方法验证了一个基于封装扩展的并发哈希表。

（4）对于一个采用抵消优化机制的并发栈，证明了只要正常并发执行（非抵消优化机制参与的并发执行部分）是可线性化的，那么并发栈就是可线性化的。利用这个结论，可以简化采用抵消优化机制的并发栈的可线性化证明。

（5）提出了基于先于偏序关系属性的并发队列和并发栈的可线性

化验证方法，并证明了它们是完备的。该方法将并发队列和并发栈的可线性化证明化简到验证入并发队列和并发栈操作与出并发队列和并发栈操作间的先于偏序关系属性，并发数据结构的设计与实现者容易快速的掌握和应用这个方法。本书应用这个方法验证了 HW 队列（the herlihy-wing queue）、LCRQ 队列、时间戳队列（the time-stamped queue）、篮式队列（baskets queue）和时间戳栈（the time-stamped stack）等这些基于抽象约简方法不能处理的、极具挑战性的并发数据结构。

（6）规约和验证语义松弛的并发数据结构。

本书将采用非确定抽象数据类型作为松弛并发数据结构的规约（向客户提供的接口）：首先，在非确定抽象数据类型的模型上刻画随机行为的概率和因干涉而产生的随机行为；其次，提出松弛并发数据结构的正确性标准，使得该标准能向客户提供观察等价的保证，即松弛并发数据结构观察等价于它的规约；最后，针对所提的正确性标准，提出相应的验证方法。

本书在撰写过程中得到了江西省教育厅科学技术研究项目（编号：209411）的资助和赣南科技学院（江西理工大学应用科学学院）学术著作出版基金的资助，在此一并向他们表示衷心的感谢。

文堂柳

2022 年 3 月 9 日

目 录
Contents

第1章 概述

1.1 研究的背景和意义

摩尔定律揭示了集成电路上可容纳的晶体管数目增长的规律，其内容为：集成电路上容纳的晶体管数目每隔 18~24 个月就会增加一倍，相应地，性能也会提升 1 倍。1979 年，Intel 公司推出了 8088 微处理器，它可容纳 29000 个晶体管，时钟频率为 4.77 MHz。经过 30 多年的发展，目前主流微处理器的时钟频率已经突破了 4 GHz，容纳晶体管的数量单位达到 10 亿级。但是，由于受到物理属性（如功耗、发热等）的局限，芯片单位面积上可集成的晶体管数量将达到极限。近年来，随着摩尔定律濒临失效，通过提高 CPU 主频来提升其性能的时代即将终结。目前主要 CPU 制造商都将技术重心转向通过多核架构来提高计算机性能，推出了各种类型的多核处理器，如 Intel Xeon E7–8870 v4 处理器为 20 核，每核支持 2 个线程，支持组建含 8 处理器的服务器系统，每台服务器有 320 个并发硬件线程。

总的来说，CPU 已经进入多核时代，多核处理器的广泛使用给软件设计和开发带来了新的挑战。程序开发人员靠提高 CPU 频率来提升软件性能的 "免费午餐" 已经结束了。多核时代，程序开发人员必须编写可扩展的并发程序才能使程序既充分利用多核资源又能够随 CPU 升级使软件性能持续提升。

加速比指一个计算在单处理器中的完成时间与在多处理器中的完成时间的比率，它用来衡量并行系统或程序并行化的性能和效果。Amdahl 定律（阿姆达尔定律）描述在固定负载情况下并行处理效果的加速比，其定义方程式如下：

$$S = \frac{1}{1 - p + \dfrac{p}{n}}$$

其中，S 为加速比，p 为可并行计算部分占整个计算的比例，n 为 CPU 核数量。根据 Amdahl 定律，系统的加速比仅取决于 CPU 核数量和系统中可并行计算的比例。CPU 核数量越多，系统中可并行计算的比例越高，则系统的加速比越高。根据这个公式，若系统中可并行计算的比例是 50，那么即使 CPU 核数量趋于无穷，系统的加速比也不可能超过 2。由此可见，要提高系统的运行速度，仅依靠增加 CPU 核数量并不能产生很好的效果（实际上 CPU 核数量呈现边际收益递减规律）。为获得最大的加速比，需在提高系统并行化程度的基础上再合理增加 CPU 核数量。

面对多核处理器技术的不断革新，实现对共享数据的高效并发访问是提高软件性能的关键因素。数据结构是软件的根基，直接影响着软件的性能。在多核架构下，设计和应用能高效并发访问的数据结构变得越来越重要。并发数据结构已广泛应用在各类系统软件和应用软件中，如操作系统中的并发优先队列调度算法、Java8 虚拟机中的并发垃圾回收算法、数据库系统中的并发平衡树索引算法。许多主流程序设计语言的并发库如 Java 的 java.util.concurrent 并发包和微软 .NET 中的 System.Collections.Concurrent，都提供高效的并发数据结构，以帮助应用程序获得更好的并发。应用程序开发者也会自行设计并发数据结构，以突破共享数据带来的串行瓶颈，提高程序的运行速度。为了保证并发数据结构的安全，简单的处理方式是对并发数据结构施加互斥锁。互斥锁保证任何时刻只有一个线程访问并发数据结构，但这种粗粒度的锁严重阻碍了程序的并发。为获得更多的并发和更好的性能，开发者会尽可能的采用细粒度的锁或基于原子指令的无锁技术来实现并发数据结构。常用于同步的原子指令包括 TAS（test-and-set）、FAS（fetch-and-store）、LL/SC（load-link/store-conditional）、CAS（compare-and-swap）、MCAS（multi-word compare-and-swap）。

　　设计和实现基于细粒度的锁或无锁的并发数据结构是困难和易出错的，一个重要的原因是大量并发运行的线程会交错地执行指令，执行时交错空间庞大，且每一条执行路径都可能产生不同的执行结果。由软件并发而导致的错误严重威胁着软件的可靠性。面对不同的应用场景，客户对并发数据结构的正确性有不同的要求，如何刻画并发数据结构的正确性，这些正确性能为使用这些数据结构的客户提供什么样的保障，如何提供简单易用的方法验证并发数据结构，等等，这些问题的研究对提高并发软件的可靠性和安全性有重要意义。

1.2　并发数据结构正确性标准研究现状

　　活性（liveness）和安全性（security）是并发程序正确性的两个重要维度。活性意味着一些行为必须在系统中发生。对于并发数据结构的活性，通常称作进展性，描述的是在何种公平性假设条件下，并发数据结构的操作能够完成。一些常用的进展性属性有阻塞性（blocking）、无死锁性（deadlock-free）、无饥饿性（starvation-free）、无阻碍性（obstruction-free）、无等待性（wait-free）等。安全性意味着一些行为不会在系统中发生。通常，并发数据结构的安全性标准要求并发数据结构操作的并发执行等价于一个合法的顺序执行，其中合法性由并发数据结构的规约来定义。不同的标准有不同的等价定义，可线性化（linearizability）、静态一致性（quiescent consistency）、顺序一致性（sequential consistency）是常见的并发数据结构安全性标准，近年来又提出了准可线性化（quasi-linearizability）和 $k-$ 可线性化（k-linearizability）等新的安全性标准。

1.2.1 可线性化

可线性化（linearizability）由 Herlihy 和 Wing 首次提出，是一个被广泛接受和应用的并发数据结构正确性标准。直观地讲，对于一个并发数据结构 S 和一个抽象层次更高的、方法是原子的规约 A，可线性化标准要求 S 的并发执行等价于一个 A 的顺序执行，其中对象 A 称作并发数据结构的顺序规约（也称作原子规约）。可线性化向客户提供观察精化的保证，即对于一个可线性化的并发数据结构 S 与它的顺序规约 A，任何客户程序使用 S 都能够观察到的行为，当客户程序使用 A 取代 S 时，也能够观察到。例如，一个可线性化的并发队列，它对应的顺序规约就是一个标准的 ADT 队列，客户使用并发队列就如同使用这个抽象队列一样。因此，对于一个可线性化的并发数据结构，客户可根据它的顺序规约来编程和推理程序，而不用考虑这个并发数据结构内部实现的细节（包括它里面方法同步的细节）。

可线性化使用执行记录（history）描述并发数据结构外部的可观察行为。执行记录是指并发数据结构执行过程中产生的方法调用事件（记录了方法的实参，代表方法开始执行）和返回事件（记录了方法的返回值，代表方法已经完成）的一个序列。直观地讲，可线性化要求并发数据结构中的每一个被调用的方法必须在方法调用开始和返回之间的某一个时间点瞬间生效，这个时间点称为线性化点。在有些方法的执行过程中，某一个原子语句的执行时刻可选为线性化点。通常在上下文无歧义的情况下，直接把这个原子语句称为该方法的线性化点。可线性化要求并发执行对应的顺序执行必须保持并发执行中不交错执行的方法间的先后顺序，即如果在并发执行中一个操作在另一个操作开始执行前完成，那么在该顺序执行中也是如此。非形式化地讲，对于一个可线性化的数据结构，它的每一个并发执行都等价于该并发执行中方法的一个合法的顺序执行。其等价性体现在以下两个方面：

（1）单个线程上产生的并发执行记录是相同的。

（2）顺序执行会保持并发执行中不交错执行的方法间的先后顺序。

例如，图 1-1 所示为一个并发队列的并发执行可线性化，其中 deq( ):x 和 deq( ):y 表示两个出队操作的返回值分别是 y 和 x，T_1 和 T_2 代表两个线程。

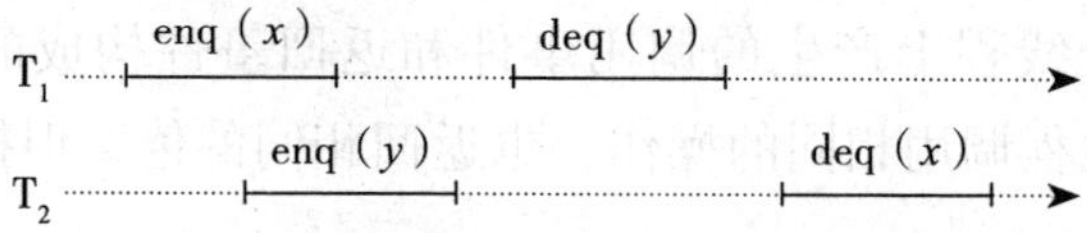

$$T_1 \quad \vdash\!\!-\!\!\overset{\text{enq}(x)}{-\!\!-\!\!}\!\!\dashv \quad\quad \vdash\!\!-\!\!\overset{\text{deq}(y)}{-\!\!-\!\!}\!\!\dashv \longrightarrow$$

$$T_2 \quad\quad \vdash\!\!-\!\!\overset{\text{enq}(y)}{-\!\!-\!\!}\!\!\dashv \quad\quad\quad \vdash\!\!-\!\!\overset{\text{deq}(x)}{-\!\!-\!\!}\!\!\dashv \longrightarrow$$

图 1-1　一个并发队列的并发执行——可线性化

对于这个并发队列的并发执行，一个等价的合法的顺序执行是

$$\text{enq}(y)_2;\ \text{enq}(x)_1;\ \text{deq}(\ )_1;\ \text{deq}(\ )_2$$

其中，操作的下标代表操作所属的线程。在上面的顺序执行中，两个出队操作 deq( )$_1$ 和 deq( )$_2$ 的返回值分别是 y 和 x，因此该顺序执行满足等价性的条件 1。因为在顺序执行中，两个入队操作都在出队操作的前面，所以该顺序执行满足等价性的条件 2。虽然可线性化成为一个被广泛接受的并发数据结构安全性标准，但正如 Filipović 等人所讲，客户需要的是观察精化和观察等价的保证。Filipović 等人证明了可线性化等价观察精化，即一个并发数据结构 Z 相对于它的规约 A 是可线性化的（当且仅当 Z 观察精化 A）。

1.2.2 静态一致性

静态一致性由 Shavit 和 Herlihy 提出，是一个比可线性化更弱的安全性标准。一个并发执行中的静态点是指执行中的某个时间点，在这个时间点上，所有并发数据结构先前被调用的方法都执行完成。静态点把一个并发执行分割成不同的执行部分，显然前一部分的任何方法的完成时间都先于后一部分的方法的开始时间。一般说来，静态一致性要求数据结构的任何一个并发执行都等价于一个合法的顺序执行，其等价性体现在以下两个方面：

（1）单个线程上产生的调用事件和返回事件构成的集合是相同的，即每个线程调用相同的操作，也返回相同的值，但操作调用的顺序也许不同。

（2）顺序执行会保持由静态点隔开的操作间的先后顺序，即如果在一个并发执行中，两个操作分属两个不同时段的执行部分（由静态点隔开），那么在对应的顺序执行中，两个操作的先后关系也是如此。

直观地讲，静态一致性要求每一个静态点之前执行的方法对该静态点之后的执行立即起作用。例如，两个线程 A、B 同时分别调用队列的 enq(x)、enq(y) 方法，两个入队操作完成后（此刻队列处于静态点），线程 C 再调用 enq(z) 方法，那么静态一致性将保证接下来执行的一个出队操作一定是首先删除（返回）元素 x 和元素 y 中的一个，而不会首先删除元素 z。

静态一致性是一个比可线性化弱的正确性标准，即一个并发数据结构如果是可线性化的，那么它一定满足静态一致性；反之则不成立。图 1-2 展示了一个不可线性化的并发队列的执行——静态一致性，但它仍满足静态一致性。

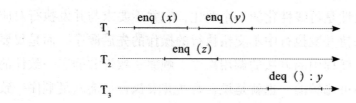

图 1-2　一个不可线性化的并发队列的执行——静态一致性

在 enq(y) 完成之后，deq( ):y 开始之前，是该执行的一个静态点区域。静态一致性仅要求对应的顺序执行中的出队操作 deq 在三个入队操作完成之后再执行，对于这三个交错执行的入队操作，它们在对应的顺序执行中的执行可以任意排列，即使违反在单个线程中的调用顺序，静态一致性也是允许的。为使顺序执行中的出队操作 deq 删除的是元素 y，那么入队操作 enq(y) 必须是顺序执行中的首个操作，这一点将违反线程 T_1 中操作调用的次序，因此上面这个并发执行是不可线性化的。上面的并发执行对应的一个满足静态一致性等价的顺序执行是

$$enq(y);\ enq(x);\ enq(z);\ deq(\ ):y$$

可组合的属性是指如果构成系统的每个对象都满足该属性，那么整个系统也满足该属性。静态一致性是可组合的。也就是说，如果系统中的每一个并发数据结构都满足静态一致性，那么整个系统也是满足静态一致性的。大型系统通常会采用模块化的开发方法，每个模块独立开发、测试，最后组装出整个系统。因此，对于大型系统，并发数据结构正确性标准满足可组合性是十分重要的。

1.2.3 顺序一致性

顺序一致性由 Lamport 提出，最初应用在内存一致性模型上。一般来讲，顺序一致性要求并发数据结构的每一次并发执行都等价于一

个合法的顺序执行。等价性体现为单个线程上产生的执行记录是相同的。顺序一致性是可线性化的一个弱化，它并不要求与并发执行对应的顺序执行保持并发执行中不交错执行的操作的先后顺序，而是仅要求保持每一个线程中的方法的调用次序。顺序一致性和静态一致性的强弱关系是不可比较的。也就是说，有些并发执行可能满足顺序一致性，却不满足静态一致性，反之亦成立。

例如，图 1-3 所示的一个并发队列的执行——顺序一致性是不可线性化的，因为队列要满足先进先出的属性，那么在对应的顺序执行中，操作 enq(y) 必须在 enq(x) 的前面，这就违反了这两个操作在并发执行中的先后关系，所以这个并发执行是不可线性化的。enq(x) 和 enq(y) 这两个操作分别在由静态点分割的不同的执行部分，如果 enq(y) 在 enq(x) 的前面，也违反了由静态点隔开的操作间的先后顺序，所以这个并发执行也不满足静态一致性。但是对于两个分属不同线程的操作，顺序一致性不要求对应的顺序执行保持它们的先后顺序，上面的并发执行对应的一个满足顺序一致性等价的顺序执行是

$$enq(y);\ enq(x);\ deq(\ ){:}y$$

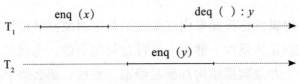

图 1-3　一个并发队列的执行——顺序一致性

与可线性化和静态一致性不同，顺序一致性是不可组合的。也就是说，即使系统中的每一个对象都满足顺序一致性，整个系统也可能不满足顺序一致性。考虑如图 1-4 所示的执行，其中 p 和 q 是两个不同的队列。通过分离这个并发执行，p 和 q 各自的执行都是顺序一致性的。

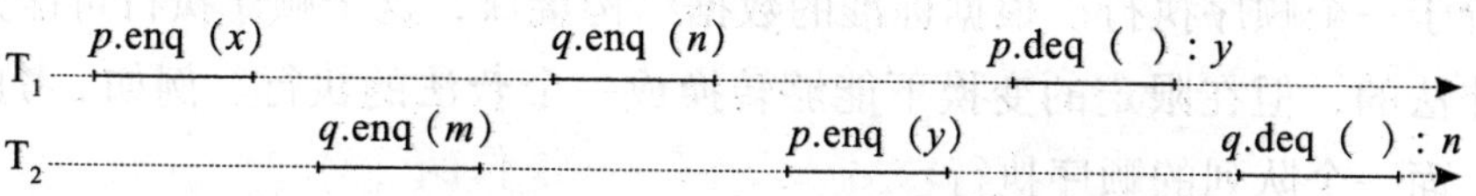

$$T_1 \quad \xrightarrow{\hspace{0.5cm} p.\text{enq }(x) \hspace{2cm} q.\text{enq }(n) \hspace{2cm} p.\text{deq }(\ ):y \hspace{1cm}}$$

$$T_2 \quad \xrightarrow{\hspace{1cm} q.\text{enq }(m) \hspace{2cm} p.\text{enq }(y) \hspace{2cm} q.\text{deq }(\ ):n}$$

图 1-4 两个并发队列的执行——不满足顺序一致性

队列 p 对应的一个满足顺序一致性等价的顺序执行是

$$p_2.\text{enq}(y); \quad p_1.\text{enq}(x); \quad p_1.\text{deq}(\ ):y$$

队列 q 对应的一个满足顺序一致性等价的顺序执行是

$$q_1.\text{enq}(n); \quad q_2.\text{enq}(m); \quad q_2.\text{deq}(\ ):n$$

其中，下标代表执行对应操作的线程。如果存在该并发执行满足顺序一致性的顺序执行，那么该顺序执行中的出队操作 $p_1.\text{deq}(\ )$ 和 $q_2.\text{deq}(\ )$ 一定是分别删除元素 n 和 y。所以，存在的顺序执行一定是由以上两个顺序执行交错形成的。但是这两个顺序执行无论怎样交错执行，都会违反单个线程中操作调用的顺序，所以这个并发执行不满足顺序一致性。

1.2.4 准可线性化和 k- 可线性化

相关研究表明，可线性化会给并发数据结构的实现带来基本的同步开销，严重阻碍了并发数据结构性能的进一步提升。要突破可线性化带来的同步瓶颈，实现更高性能和更具扩展性的并发数据结构，一种有效的解决方法是松弛并发数据结构语义。例如，一个标准的先进先出的队列，它的一种松弛语义是允许出队方法删除当前队列中前 k 个最早入队元素中的任意一个。在顺序环境中，这样的松弛语义不会给队列的实现带来性能上的提升，然而在并发环境下，这样的松弛语义有利于减少数据竞争，从而有利于设计和实现更高性能的并发队列。相关研究表明，即使是顺序语义上的一小步松弛，都可能给并发数据结构的设计和实现带来重要变化，进而在性能上带来巨大提升。

Afek 等人提出准可线性化，要求并发数据结构方法的并发执行等价于一个顺序执行。根据标准的数据结构接口，这个顺序执行可能是非法的，但在限定的变换下能够转换成一个合法的执行。例如，考虑下面一个队列的顺序执行：

$$\mathrm{enq}(a);\mathrm{enq}(b);\mathrm{enq}(c);\mathrm{enq}(d);\mathrm{deq}(\ ):c$$

其中，deq（）: c 表示该出队方法返回元素 c。根据标准的抽象队列的规约，这个顺序执行是非法的，它不满足队列先进先出的属性。在准可线性化入队方法的系数为 2，出队方法的系数为 0 的情况下，该顺序执行可转换成"合法的"执行。入队和出队方法的系数分别为 2 和 0，表示在转换过程中，入队方法允许移动的最大距离为 2，而出队方法为 0。因此，当把 enq(c) 移动到这个顺序执行的首位时，这个非法的执行就转换成一个合法的顺序执行。Henzinger 等人提出 k-可线性化，也对顺序执行的语义采取了量化松弛。与准可线性化不一样的是，k- 可线性化在松弛顺序语义时考虑到了数据结构的状态。它使用状态机模型刻画了 out-of-order 松弛和 stuttering 松弛。out-of-order 松弛弱化方法对操作元素的次序要求为：如一个 3- 可线性化的队列，它允许出队方法删除当前队列中前 3 个最早入队元素中的任意一个。stuttering 松弛允许一个写方法执行时不产生实质性的影响（不改变共享变量），如考虑下面的计数器，为减少对共享变量 R 的竞争，线程每 2 次调用 increment 计数方法，仅在一次调用中做更新且增量为 2，另一次调用不更新 R。虽然依据 stuttering 松弛规约，可以刻画 increment 方法在变迁中不改变计数器的值，但客户希望得到的保证是与标准的计数器比（每调用一次计数方法，R 将加 1），该计数器的精度更高。王超等人也提出了类似的松弛机制的规约，但他们提出的规约能够自动转换成自动机，从而有助于通过模型检测工具进行验证。亨辛格等人也证明了几个语义松弛的并发数据结构满足 k- 可线性化，但这些证明都是针对具体的并发数据结构的，形式化程度不高，没有形成系统化的验证方法，难以扩展到其他语义松弛的并发数据结构中。

上述正确性标准采用的仍是可线性化标准，因此它们能向客户提供观察精化的保证。然而，在语义松弛的并发数据结构中，可线性化并不保证能向客户提供最精确的规约。例如，一个 2- 可线性化的并发队列 S，它对应的原子规约 A_2 允许出队操作删除队头前 2 个元素中的任意一个，那么依据可线性化的定义，并发队列 S 也是一个 3- 可线性化的并发队列（它对应的原子规约 A_3 允许出队操作删除队头前 3 个元素中的任意一个），即 S 相对于 A_2 是可线性化的，S 相对于 A_3 也是可线性化的。依据可线性化标准，A_2 和 A_3 都能成为 S 的顺序规约，但是 S 的客户使用 A_2 比使用 A_3 更能精确地推理程序的行为。

1.3　并发数据结构可线性化的验证方法研究现状

1.3.1 基于 Lipton 约简的验证方法

Lipton 约简是一种简单的验证并发程序原子属性的基本方法，它建立在原子语句交换的概念上。非形式化地讲，如果两个相邻执行的原子语句交换执行顺序而不会改变最终状态，那么交换这两个原子执行的顺序不会影响整个程序的执行。如果在任何执行中，每个方法中的原子语句能够通过交换操作而转换成连续的（也就是不与其他原子语句交互的）执行，那么整个方法可看成一个大的原子块。

图 1-5 展示了带互斥锁实现的计数器。图 1-6 展示了计数器 add 方法的一个并发执行 [图 1-6(a)]：通过交换操作而转换成一个连续的执行 [如图 1-6(c)]。其中，e_i 代表其他线程的操作。共享变量 count 被锁 lock 保护，所以 e_1、e_2、e_3 不可能是获得和释放锁的操作，也不可能是访问 count 的操作，因此它们能够与相应的 add 方法中的语句交换而不会改变最终的状态。

```
class counter{              acquire(L);
    int count;              in ti:=count;
    lock L;                 count:=i+1;
    void add(  ){           release(L);}
                        }
```

图 1-5 计数器

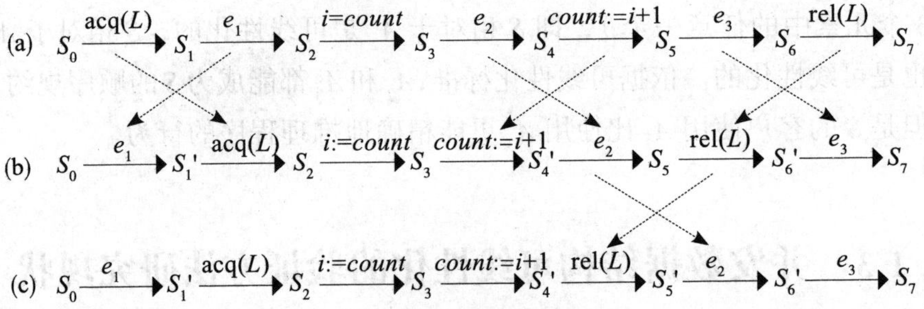

图 1-6 交换操作与顺序执行

许多研究集中在应用 Lipton 约简验证方法的原子性。直观地讲，这些研究中定义的原子性方法是指在任何执行中，通过交换操作，方法能够转换成一段连续的不和其他线程交互的执行。原子性有助于验证可线性化：对于每个方法都是原子的并发数据结构，要验证它是否可线性化，只需证明每个原子方法的顺序执行是否满足对应的规约。例如，Flanagan 等人提出了一个结合 Lipton 约简技术和抽象来验证方法原子性的方法。该方法采用的抽象主要有两类：纯化抽象和不稳定性抽象。纯化抽象是指不改变程序状态的代码块，可以在约简前删除。不稳定性变量是指与程序正确性无关的一些变量，如性能计数器。不稳定性抽象是指将一个不确定的值赋值给一个不稳定性变量，使这个赋值语句变成可以与其他线程的操作交换的操作。Wang和 Stoller 扩展了 Flanagan 等人的纯化抽象，提出了纯循环的概念。他们证明了对于一个纯循环，它的未能退出循环的迭代可以在约简前删除。

Elmas 等人提出一种结合 Lipton 约简和抽象的原子精化方法验证

可线性化。可线性化证明的过程是通过逐步应用程序变换规则把一个细粒度的方法转换成一个原子方法。这些程序变换的规则建立在 Lipton 约简和抽象基础上。Lipton 约简能使多个连续的语句变成一个原子块，抽象能够引入新的变量，即可以通过变量引入规则重写语句和除去原来的变量，也可以通过变量隐藏规则重写语句。该方法不需要标识并发数据结构的线性化点。

Groves 提出一个结合 Lipton 约简和模拟的方法验证可线性化。其核心思想是通过 Lipton 约简和模拟变换把方法的每一条路径转换成一个连续的和其他线程无交互的执行。但模拟转换是复杂的，如在证明 MS 队列的过程中，Groves 的方法必须证明一个由其他线程帮助完成 tail 指针指向最后一个节点的入队操作，能够等价转换成由线程自己完成 tail 指针指向最后一个节点的入队操作。

总的来说，Lipton 约简是一种简单直观的验证可线性化的技术，在上面提到的这些验证方法中，这些单纯地应用 Lipton 约简的验证方法是简单易用的，但它们只能验证简单的并发数据结构却不能处理灵巧复杂的并发数据结构。这些将 Lipton 约简与其他技术结合的验证方法，扩大了 Lipton 约简的应用范围，但也增加了验证方法的复杂性。

1.3.2 基于前向模拟和后向模拟的验证方法

并发数据结构可线性化可通过建立并发数据结构和对应规约的模拟关系证得，证明的基本过程如下：

（1）建立两个自动机，分别建模并发数据结构（称为具体自动机）和它对应的规约（称为规约自动机）。

（2）给出两个自动机状态间的映射关系。

（3）给出两个自动机原子步的映射关系。一般说来，线性化点对应规约自动机的原子操作，具体自动机的其他原子步对应规约状态机的一个哑变迁（stutteringtransition，用 skip 表示）。

（4）证明两个自动机前向模拟（forward simulation）或后向模拟

（backward simulation）等价。

前向模拟和后向模拟从两个相反的方向构建规约自动机的行为。前向模拟要求从具体自动机的第一个变迁开始，逐步往后模拟一个抽象的执行；而后向模拟从具体自动机的最后一个变迁开始，逐步往前模拟一个抽象的执行。例如，对于一个具体状态机的变迁 $cs \xrightarrow{CA} cs'$，其中 cs、cs' 分别表示变迁前后的状态，CA 表示一个原子操作。如果存在一个抽象状态 as 满足 $\text{Rep}(cs, as)$，CA 对应的抽象原子操作是 AA，那么前向模拟要求存在一个抽象状态 as'，使得 $as \xrightarrow{AA} as'$，且 as' 满足 $\text{Rep}(cs', as')$，其中，Rep 表示两个状态空间之间的映射关系。对于一个具体状态机的变迁 $cs \xrightarrow{CA} cs'$，如果存在一个抽象状态 as' 满足 $\text{Rep}(cs', as')$，CA 对应的抽象原子操作是 AA，那么后向模拟要求存在一个抽象状态 as，满足 $\text{Rep}(cs, as)$，使得 $as \xrightarrow{AA} as'$。

Doherty、Groves 等人最早提出基于模拟的可线性化证明方法。这些方法使用输入/输出自动机（input/output automata）建模并发数据结构和它对应的规约，使用前向模拟的证明方法验证了 Treiber 栈，使用前向模拟和后向模拟结合的证明方法验证了 MS 无锁队列和基于惰性链表的集合。在验证 MS 无锁队列的过程中，该方法首先构造 MS 队列的中间实现，然后证明 MS 无锁队列和中间实现存在后向模拟关系，中间实现和 MS 无锁队列的原子规约存在前向模拟关系。Groves 等人的模拟关系考虑所有线程可能的交互，是全局的。Derrick 等人也提出了基于模拟的可线性化证明方法，与 Groves 方法不同的是，Derrick 等人考虑的是单个方法的模拟关系。Schellhorn 等人证明了后向模拟是一个完备的可线性化的证明方法，并使用该方法验证了 Herlihy-Wing 队列（简称 HW 队列），但构造后向模拟关系是异常复杂的，该方法阐释 HW 队列和它对应的规约之间的后向模拟联系就用了整整 2 页的篇幅。Bouajjani 等人使用前向模拟验证了 HW 队列。HW 队列和它对应的规约并不存在前向模拟关系，因此，Bouajjani 等人建立了一个 HW 队列的中间实现，并证明了 HW 队列的可线性化验证可简化为证明 HW 队列和这个中间规约存在前向模拟关系。

总的来说，由于两个自动机的粒度不同，规约自动机的原子操作是少数的，有的将方法建模成一个原子步，有的将方法建模成三个原子步：调用原子步、内部原子步、返回原子步。其中，大量的具体自动机的原子步属于内部操作，只能对应规约自动机的 skip 步，这使得无论是基于前向模拟还是后向模拟的证明过程都需要验证大量的不变式。基于前向模拟的可线性化验证技术依赖线性化点，而后向模拟的验证过程要比前向模拟复杂得多。前向模拟是不完备的，后向模拟是完备的。对于一些灵巧复杂的并发数据结构，无法建立和它们对应规约的前向模拟关系。例如，对于一些线性化点依赖将来行为的并发数据结构，一个具体状态机的原子动作，可能无法确立和它对应的规约自动机的原子操作（这一点仅取决于将来的执行过程）。后向模拟是从执行的最后开始模拟，因此避免了这个问题。

1.3.3 基于程序逻辑的验证方法

依赖 / 保证 (rely/guarantee) 方法是一种模块化的并发程序验证方法，由 Jones 首次提出。依赖 / 保证方法的规约形式为：$R,G \vdash \{p\}\ C\{q\}$。其中，p 和 q 分别表示程序的前置条件和后置条件；R 和 G 都是程序状态域下的二元关系，用来刻画状态转换。R 为依赖条件，表示并发环境中其他线程可能的行为，用来刻画规约所依赖的环境；G 为保证条件，表示程序自己可能的行为，用来刻画程序对环境做出的保证。依赖 / 保证方法要求推导过程中的前置条件在依赖条件的干涉下是稳定的（stable），即如果一个初始状态 s 满足前置条件 p，在依赖条件的干涉下，状态转换为 s'，即 $(s,s') \in R$，那么 s' 也满足 p。Vafeiadis 等人结合依赖 / 保证方法和分离逻辑（separationlogic），提出并发程序验证框架 RGSep，并把它应用到验证并发数据结构的可线性化上。Vafeiadis 等人应用 RGSep 证明可线性化的基本过程如下：

（1）引入辅助状态和辅助代码，其中包括规约的状态和抽象方法的原子操作，也包括一些其他的辅助变量，如预言变量（prophecy variable）。

（2）标识并发数据结构中每一个具体方法的线性化点，在此处插入辅助代码。从语义上讲，当方法执行线性化点上的语句时，也同时执行插入的辅助代码。

（3）定义依赖条件，用来描述共享的具体状态和规约的状态可能的转换。

（4）定义不变式描述并发数据结构和对应规约之间状态的联系，然后使用 *RG*Sep 证明如果两者的初始状态满足这个不变式，那么整个程序运行的过程中，这个不变式都是成立的，且具体方法和对应的抽象方法有相同的返回值。

Vafeiadis 应用该方法验证了 HSY 栈、基于惰性链表的集合等复杂的并发数据结构。我国 Liang 等人提出了一种扩展 LRG（local rely/guarnatee）的程序逻辑来验证并发数据结构的可线性化，并应用这一程序逻辑验证了许多极其复杂的并发数据结构。与 Vafeiadis 不同的是，为处理线性化点依赖将来行为的数据结构，Abadi 等人引入了一种轻量级的插桩机制——try-commit 指令，这比预言变量具有更直接的语义。Khyzha 等人提出一种结合偏序和依赖 / 保证的程序逻辑，并应用它成功地验证了 HW 队列。Tofan 等人提出了一种依赖 / 保证方法和区间时序逻辑相结合的可线性化验证方法。与前面的方法不同的是，该方法不需要插入辅助代码，但时序逻辑的引入也使得验证过程变得复杂。

总的来说，基于依赖 / 保证的程序逻辑的可线性化验证方法支持模块化的验证，但这些技术需要标识方法的线性化点。对于方法在单个执行路径上也没有固定线性化点的并发数据结构，如 HW 队列、篮式队列、时间戳队列和时间戳栈，目前这些方法处理这类并发数据结构可能存在困难。

1.3.4 其他可线性化验证方法

一些研究者提出了构造的可线性化验证方法，证明的基本过程为：从并发数据结构的原子规约开始，经过逐步精化，最终生成并发数据结构的程序代码。精化的过程要求保持可线性化，即如果高层的规约是可线性化的，那么低层的实现也是可线性化的。最初的原子规约显然是可线性化的，所以可线性化的保持属性能够保证精化后的最终程序也是可线性化的。Bogdan Tofan 等人研究了从一个抽象栈的规约开始，通过逐步精化，最终生成 HSY 栈的过程。Abrial 和 Cansell 使用 Event-B 框架从一个顺序环境下的单链表开始重构了 MS 无锁队列。一些研究者提出重写的可线性化验证方法，证明的过程与精化的过程相反，它从并发数据结构的程序代码开始，经过逐步重写规则变换，最终生成并发数据结构对应的规约。

一些可线性化验证方法把可线性化证明化简到验证并发数据结构的相关属性。例如，Henzinger 等人提出了面向切面（aspect-oriented）的可线性化验证方法，其基本思想是把可线性化的证明分解为几个相对简单的属性，其中的每一个属性都能独立地被证明。该方法证明了一个并发队列如果满足以下四个属性，那么该队列就是可线性化的。

（1）出队操作不会删除一个入队操作未插入的元素。

（2）同一个元素不会被出队操作删除两次。

（3）先入队的元素一定比后入队的元素先被出队操作删除。

（4）出队操作必须正确识别队列是否为空。

他们应用这个方法验证了 HW 队列。类似地，Abdulla 等人使用自动机检测并发队列是否满足以上属性。与 Henzinger 等人不同的是，他们的方法需要将算法建模成自动机和标注线性化点。O' Hearn 等人验证了基于惰性链表的集合的可线性化，验证的核心是 Hindsight 引理，它概括了链表上的节点在不同时间点上的可达属性。对于一个并发执行，这些属性可以用来构造一个相应的顺序执行。总之，这些方法都是面向具体的或某一类并发数据结构的，仍不清楚这些方法能否扩展到其他类型的数据结构。

有大量的研究使用基于模型检测的技术检测并发数据结构的可线性化。例如，Vechev 等人使用 SPIN 模型检测工具检测并发数据结构可线性化，为处理线性化点不固定的并发数据结构，该方法需要在并发数据结构中插入辅助代码。Liu 等人提出一种路径精化的可线性化验证方法，并使用偏序约简（partial-order reduction）和对称性约简（symmetry reduction）技术减少搜索的状态空间。Cerný 等人提出了一种基于链表实现的数据结构的模型检测的可线性化验证方法。

总的来说，基于模型检测的验证方法的优点是自动化，它们可以自动检测到反例，但是其中大多数方法不能证明可线性化。此外，还有 Gange 等人提出基于抽象解释的可线性化验证方法。例如，Amit 等人提出一种基于静态分析的可线性化验证技术，验证的核心是通过抽象，证明并发数据结构和它对应的顺序规约是同构的（isomorphic），但该技术需要标识线性化点。

1.4　本书的研究内容

本书分析了并发数据结构可线性化的局限性，在此基础上提出了强可线性化标准。验证并发数据结构强可线性化最具挑战的部分是验证可线性化。正如 Khyzha 所说，尽管有大量的可线性化验证技术，但要验证复杂的并发数据结构的可线性化仍是一项极具挑战性的任务。本书致力于提供简单易用的方法验证并发数据结构的可线性化，具体的研究包括以下四个方面。

（1）并发数据结构可线性化扩展研究。

如 1.3 节所述，Herlihy 和 Wing 提出的并发数据结构的可线性化标准只能确保观察精化，即如果一个并发数据结构 O 相对于它的规约 A 是可线性化的，那么对于任何客户端程序使用 O 都能够观察到的行为，当客户端程序使用 A 取代 O 时，也能够观察到。因此，当客户端程序使用并发数据结构的接口推理程序的行为时，可能观察到更多的行为。在某些具体应用中，使用并发数据结构的客户需要得到更强的观察等价的保证，即当客户使用数据结构的接口取代并发数据结构的实现时，能观察到相同的行为。另外，即使客户端以与并发数据结构方法非交互的方式直接访问数据结构，可线性化观察精化的保证也不会被破坏。本书将扩展可线性化标准，使该标准能确保并发数据结构和它对应的规约是观察等价的，并且当并发数据结构和它对应的规约有相同的状态空间时，使该标准允许客户端以与并发数据结构的方法非交互的方式访问数据结构时也能够确保观察精化。

（2）结合 Lipton 约简理论和数据抽象的可线性化验证方法研究。

并发数据结构按线性化点的类型可分为两类：一类是线性化点固定的并发数据结构，即方法中存在固定的原子语句可选为线性化点，如 Treiber 栈、MS 无锁队列、DGLM 队列；另一类是线性化点不固定的并发数据结构，即线性化点取决于方法与其他线程的交互过程。对于线性化点不固定的并发数据结构，又可分为两类：一类是在方法的每个执行路径上都存在固定线性化点的并发数据结构，如 HSY 栈、数据对快照（pair snapshot）、RDCSS、基于惰性链表的集合（lazy set）；另一类是即使在方法的单个执行路径上也没有固定线性化点的并发数据结构，如 HW 队列、LCRQ 队列、篮式队列（baskets queue）、时间戳队列（the time-stamped queue）、时间戳栈（the time-stamped stack）。

Lipton 约简是一个简单易用的验证并发程序原子属性的技术，容易应用 Lipton 约简方法验证线性化点固定的并发数据结构，但是不能直接应用它来处理线性化点不固定的并发数据结构，如一些借助帮助机制允许其他线程帮助当前线程完成操作的并发数据结构。从更高层次的抽象来看，每一个可线性化的并发数据结构都是原子的，而 Liption 约简是证明并发程序原子属性的基本技术。本书将研究并发数据结构可线性化和 Liption 约简属性之间的关系，提出一个将数据抽象和 Lipton 约简结合的可线性化验证技术。数据抽象的引入使得该方法可以抽象掉与语义无关的原子操作，仅关注与语义相关的原子操作的约简性。本书将应用提出的方法验证所有在单个执行路径上由原子语句选为线性化点的并发数据结构，无论这个线性化点是内部的还是外部的。

（3）基于偏序属性的可线性化验证方法研究。

总的来说，基于 Lipton 约简的技术很难处理在方法的单个执行路径上也没有固定线性化点的数据结构。例如，前面提到的 HW 队列、时间戳队列、LCRQ 队列、篮式队列、时间戳栈等，这些数据结构中的入队或入栈操作即使在单个执行路径上也没有固定的线性化点，这些操作在线性化中的顺序取决于出队或出栈操作的交互。Henzinger 等人提出面向切面的方法是一种简单的、不需要标识线性化点的验证方法，其核心思想是把可线性化的证明分解到验证几个相对简单的属性上。受 Henzinger 等人工作的启发，笔者将研究基于偏序属性的并发队列和并发栈可线性化的充分必要条件，即通过验证这些偏序属性就可以验证并发队列和并发栈的可线性化。笔者将应用提出的方法验证 HW 队列、时间戳队列、篮式队列、LCRQ 队列、时间戳栈等极具挑战性的并发数据结构。

（4）规约和验证语义松弛的并发数据结构。

本书将采用非确定抽象数据类型作为松弛并发数据结构的规约，即向用户提供的接口：首先，在非确定抽象数据类型的模型上刻画随机行为的概率和因干涉而产生的随机行为；其次，提出松弛并发数据结构的正确性标准，使该标准能为客户提供观察等价的保证，即松弛并发数据结构观察等价了它的规约；最后，针对所提正确性标准，提出相应的验证方法。

1.5　本书的组织结构

第 1 章　概述。本章首先介绍了研究背景及意义，其次从并发数据结构正确性标准和并发数据结构可线性化验证方法这两个方面分析了国内外的研究现状，最后阐述了本书的研究内容。

第 2 章　研究基础。本章首先介绍了相关的数学背景知识，包括序列、集合和偏序的相关基础知识，并证明了偏序关系上的三个性质，这三个性质将在第 5 章定理的证明中使用；其次介绍了 Hoare 逻辑和分离逻辑；最后给出了程序语言及语义，并在此基础上形式化定义了观察等价和可线性化等概念，并证明了可线性化关系的传递性。

第 3 章　强可线性化。本章首先提出并发数结构的强可线性化，并且证明了它蕴含观察等价；其次研究了强可线性化的一种特例，即并发数据结构的实现和对应的规约有相同的状态空间的强可线性化（称这个规约为顺序规约）。对于这种特殊的强可线性化，本章证明了当客户端以兼容的方式直接访问数据结构时，强可线性化也能保证观察等价，同时揭示了并发数据结构相对顺序规约的强可线性化与相对抽象模型的强可线性化之间的联系。

第 4 章　基于抽象约简的可线性化验证方法。本章提出了基于单路径和双路径的抽象约简的可线性化验证方法，并证明了方法的可靠性。本章应用这两个方法验证了 Treiber 栈、MS 无锁队列、DGLM 队列、HSY 栈、数据对快照、基于惰性链表的集合、基于乐观锁的集合（optimisticlist）等并发数据结构。对于一个可线性化的并发数据结构的封装扩展，本章证明了要验证这个扩展后的并发数据结构的可线性化，可验证由抽象方法代替它里面的具体方法后生成的并发数据结构的可线性化，验证后者要比验证前者容易得多。应用这个结论，本章验证了一个基于封装扩展的并发哈希表。

第 5 章　基于偏序属性的可线性化验证方法。本章提出了基于偏序属性的并发队列和并发栈的可线性化验证方法，并证明了方法的可靠性和完备性。本章应用这两个方法验证了 HW 队列、LCRQ 队列、时间戳队列、篮式队列和时间戳栈等极具挑战性的并发数据结构。对于一个采用抵消优化机制的并发栈，本章证明了只要正常并发执行，即非抵消优化机制参与的并发执行部分，是可线性化的，那么并发栈就是可线性化的。利用这个结论，可以简化采用抵消优化机制的并发栈的可线性化证明。

第 6 章 规约和验证语义松弛的并发数据结构。本章首先将采用非确定抽象数据类型作为松弛并发数据结构的规约，即向客户提供的接口。在非确定抽象数据类型的模型上刻画随机行为的概率和因干涉而产生的随机行为。其次，提出松弛并发数据结构的正确性标准，使得该标准能为客户提供观察等价的保证，即松弛并发数据结构观察等价于它的规约。最后，针对所提正确性标准，提出相应的验证方法。

第 7 章 结论与展望。本章对全书内容进行了总结，并探讨了下一步的研究工作。

第2章 研究基础

2.1 相关数学知识

2.1.1 集合与序列

一个含有 $a_1,a_2,\cdots,a_n$ 的元素的集合记作 $\{a_1,a_2,\cdots,a_n\}$。符号 $\cup$ 表示集合的广义并运算符，对于一个由集合构成的集合 A，$\cup A=\{x\mid \exists s(s\in A\wedge x\in s)\}$。假设集合 A 和 B，$A\times B$ 表示 A 与 B 的笛卡儿积。称由属于 A 而不属于 B 的元素组成的集合为 B 对 A 的相对补集，记作 $A-B$，即 $A-B=\{x\mid x\in A\wedge x\notin B\}$。假设集合 A 和 B，用 $f:A\to B$ 表示一个集合 A 到集合 B 的函数 f，用 $\mathrm{dom}(f)$ 表示函数的定义域。

用 $(x,y,\cdots)$ 表示一个序列，其中 x 是序列中的第一个元素，用 $X^\frown Y$ 表示连接 X 和 Y 两个序列。假设一个序列 U，用 $\{U\}$ 表示由序列 U 中的元素组成的集合；用 $|U|$ 表示序列的长度；$|U|=\omega$（当且仅当 U 无限序列，其中 ω 表示正无穷）；设整数 $1\leqslant i\leqslant |U|$，$U(i)$ 表示序列中的第 i 个元素。

假设 U' 序列是 U 序列的一个子序列，记作 $U'\leqslant_{\mathrm{sub}}U$，当且仅当

U' 可通过删除 U 中的一些元素且保持 U 中剩下的元素相对次序而获得。对于序列 U 的一个子序列 U'，用 $U-U'$ 表示通过删除 U 中包含的 U' 中的元素而获得一个子序列。序列 U'' 是序列 U 的一个子段，当且仅当 U'' 是由 U 中相邻元素构成的一个子序列。如果 U 是一个非空的序列，那么 First(U) 表示序列的第一个元素，Tail(U) 表示删除序列的第一个元素后得到的子序列。一个有限的序列 α 是序列 U 的前缀，记作 $\alpha \leqslant_{pre} U$，当且仅当存在序列 α' 时，$U = \alpha^\smallfrown \alpha'$。

假设序列 U 是集合 K 上的序列（$\forall i, 1 \leqslant i \leqslant |U| \Rightarrow U(i) \in K$），集合 $L \subseteq K$，则 $U \lceil L$ 表示序列 U 在集合 L 上的投影，即由属于 L 中的元素构成的 U 的最长子序列。

2.1.2 偏序关系

假设集合 A 上的二元关系 $R \subseteq A \times A$，当 $\forall x \in A$，$(x,x) \in R$ 时，那么称 R 是 A 上自反的二元关系；当 $\forall x \in A$，$(x,x) \notin R$ 时，那么称 R 是 A 上反自反的二元关系；当 $\forall x,y \in A$，$(x,y) \in R \wedge x \neq y \Rightarrow (y,x) \notin R$ 时，那么称 R 是 A 上反对称的二元关系；当 $\forall x,y,z \in A$，$(x,y) \in R \wedge (y,z) \in R \Rightarrow (x,z) \in R$ 时，那么称 R 是 A 上传递的二元关系。

假设集合 A 上有二元关系 $R \subseteq A \times A$，若 R 是自反的、反对称的和传递的，则称 R 是 A 上的偏序关系（partialorder），通常将 R 记成 $\leqslant$，称集合 A 和偏序关系 $\leqslant$ 构成的二元组 $(A, \leqslant)$ 为一个偏序集 (partialorderedset)。若集合 A 上的二元关系 R 是反自反的、反对称的和传递的，则称 R 是 A 上的一个强偏序关系（strict partial order），也被称为拟序关系（quasi order relation），通常将 R 记成 $\prec$，称二元组 $(A, \prec)$ 为一个强偏序集。

对于集合 A 上的二元关系 R（$\leqslant$）是一个线性序关系（linear order），当且仅当 R 是 A 上的一个偏序关系，且 $\forall x,y \in A$，$x \leqslant y \vee y \leqslant x$。线性序关系也称作全序关系（total order）。对于集合 A 上的二元关系 $R(\prec)$ 是一个强线性序关系，当且仅当 R 是 A 上的一个强偏序关系，且

$\forall x, y \in A,\ x \prec y \lor y \prec x \lor x = y$。

对于集合 A 上的 $\prec_1$ 和 $\prec_2$ 两个偏序关系（或强偏序关系），如果 $\forall x, y \in A$，$x \prec_1 y \Rightarrow x \prec_2 y$，那么称 $(A, \prec_2)$ 是 $(A, \prec_1)$ 的一个扩展。如果 $(A, \prec_2)$ 是 $(A, \prec_1)$ 的一个扩展，且 $\prec_2$ 是一个 A 上的线性序关系，那么称 $(A, \prec_2)$ 是 $(A, \prec_1)$ 的一个线性扩展。

假设强偏序集是 $(A, \prec)$，若存在 $x \in A$，使得 $\forall y$，$y \in A - \{x\} \Rightarrow x \prec y$，则称 x 是 A 的一个最小元；若存在 $x \in A$，使得 $\forall y$，$y \in A \Rightarrow y \nprec x$，则称 x 是 A 的一个极小元；若存在 $x \in A$，使得 $\forall y$，$y \in A - \{x\} \Rightarrow y \prec x$，则称 x 是 A 的一个最大元；若存在 $x \in A$，使得 $\forall y$，$y \in A \Rightarrow x \nprec y$，则称 x 是 A 的一个极大元。

定理 2.1.1（Szpilrajn 扩展理论）　设 $\prec_1$ 是非空有限集合 A 上的偏序关系或强偏序关系，存在 A 上的一个线性序关系 $\prec_2$，使得 $(A, \prec_2)$ 是 $(A, \prec_1)$ 的一个线性扩展。

下面证明在第 5 章要用到的偏序关系中的三个性质。

性质 2.1.1　如果 $(A, \prec_2)$ 是 $(A, \prec_1)$ 的一个扩展，$(A, \prec_3)$ 是 $(A, \prec_2)$ 的一个线性扩展，那么 $(A, \prec_3)$ 是 $(A, \prec_1)$ 的一个线性扩展。

证明：由 $(A, \prec_2)$ 是 $(A, \prec_1)$ 的一个扩展可得 ① $\forall x, y \in A$，$x \prec_1 y \Rightarrow x \prec_2 y$；由 $(A, \prec_3)$ 是 $(A, \prec_2)$ 的一个线性扩展可得② $\forall x, y \in A$，$x \prec_2 y \Rightarrow x \prec_3 y$。根据①和②可得 $\forall x, y \in A$，$x \prec_1 y \Rightarrow x \prec_3 y$。

性质 2.1.2　对于一个在集合 A 上的严格偏序 $\prec$，$(L_1, L_2, \cdots, L_n)$ 是由 A 中 n 个不同元素构成的序列且不违反偏序关系 $\prec$（对于任意两个下标 s 和 t，如果 $s < t$，那么 $L_t \nprec L_s$）。对于任意一个在 A 中且不在该序列中的元素 L' 也就是 $L' \in A$，对于每一个 $1 \leqslant i \leqslant n$，$L' \neq L_i$，$L'$ 元素能够插入该序列并使得插入后的序列不会违反偏序关系 $\prec$。

证明：显然下面的两个算法能完成该插入操作，并且在后续章节的证明中将使用到它们（图 2-1）。

```
Algorithm 1 the first linear extension
  if Ln < L' then
    L' is inserted after Ln
                ...
  else if L; < L' then
      L' is inserted between Li; and Li+1
                ...
  else if L1 < L' then
      L' is inserted between L1 and L2
  else
      L' is inserted before L1
  end if
```

```
Algorithm 2 the second linear extension
  if L'< L1 then
      L' is inserted before L1
                ...
  else if L' < L; then
      I' is insertcd bectwocn Ti- 1 and I2
                ...
  else if L' < Ln then
      L' is inserted between Ln-1 and Ln

  else
      L' is inserted after Ln
  end if
```

图 2-1　插入操作的两种算法

性质 2.1.3　设偏序集 $(A, \prec_e)$ 是偏序集 $(A, \prec)$ 的一个扩展，如果 x 和 y 分别是偏序集 $(A, \prec_e)$ 上的一个极小元和一个极大元，那么 x 和 y 也分别是偏序集 $(A, \prec)$ 上的一个极小元和一个极大元。

证明：假设 x 不是偏序集 $(A, \prec)$ 上的一个极小元，即 $\exists y \in A$，$y \prec x$，因为偏序集 $(A, \prec_e)$ 是偏序集 $(A, \prec)$ 的一个扩展，根据扩展偏序的性质有 $y \prec_e x$。这一点与 x 是偏序集 $(A, \prec_e)$ 上的一个极小元矛盾，因此假设不成立。

通过类似上面的证明可得 y 是偏序集 $(A, \prec)$ 上的一个极大元。

2.2　程序逻辑

2.2.1 Hoare 逻辑

1969 年，Hoare 在 Floyd 框图程序证明方法的基础上提出了 Hoare 逻辑。Hoare 逻辑采用公理化方法对命令式语言程序进行推理验证，已成为各类程序逻辑的核心基础。Hoare 逻辑中的前置断言和后置断言的方法也被广泛应用到不同的证明系统中。Hoare 逻辑使用三元组 {*pre*}*p*{*post*} 描述程序的行为，其中 *p* 为程序，*pre* 和 *post* 分别称为前、后置条件，是一阶逻辑里的断言。{*pre*}*p*{*post*} 有部分正确性和完全正确性两种解释。在部分正确性解释中，{*pre*}*p*{*post*} 命题为真，当且仅当如果程序 *p* 的初始状态满足前置条件 *pre*，且从该初始状态开始的执行能终止，则执行的最终状态满足后置条件 *post*。在完全正确性解释中，{*pre*}*p*{*post*} 命题为真，当且仅当如果程序 *p* 的初始状态满足前置条件 *pre*，则从该初始状态开始的执行一定能够终止，且执行的最终状态满足后置条件 *post*。部分正确性解释和完全正确性解释的区别是前者不要求程序一定终止。

2.2.2 分离逻辑

Hoare 逻辑难以分析和推理堆访问的程序，如指针变量别名问题，即当多个不同名的指针变量指向同一个地址时，Hoare 逻辑中的有些规则将不成立。O' Hearn 等人提出分离逻辑以便更好地验证堆访问的程序。在 Hoare 逻辑中，程序的状态由栈来描述，是一个程序变量到值的映射。在分离逻辑中，程序的状态在栈的基础上增加了堆映射，是一个内存地址到值的映射：

$$s \in \text{stack} ::= \text{VarNames} \rightarrow \text{Values}$$

$$h \in \text{heaps} ::= \text{Locs} \rightarrow \text{Values}$$

$$\sigma \in \text{states} ::= \text{stacks} \times \text{heaps}$$

分离逻辑对 Hoare 逻辑一个重要的扩展是增加了分离合取 * 和分离蕴含 -* 两个新的逻辑算子。用 $(s,h) \models P$ 表示状态 (s,h) 满足断言 P；$h_1 \perp h_2$ 表示堆 h_1 和堆 h_2 是两个不相交的堆，两个逻辑算子的形式化说明如下：

$$(s,h) \models P_1 -* P_2 \ \text{iff} \ \forall h'.(h \perp h') \wedge (s,h') \models P_1 \rightarrow (s,h \cup h') \models P_2$$

$$(s,h) \models P_1 * P_2 \ \text{iff} \ \exists h_1, h_2.h_1 \perp h_2 \wedge h = h_1 \cup h_2 \wedge (s,h_1) \models P_1 \wedge (s,h_2) \models P_2$$

直观地讲，分离合取 $(s,h) \models P_1 * P_2$ 表示堆可以分割成两个部分：一部分为栈 s 满足断言 P_1，另一部分为栈 s 满足断言 P_2。分离蕴含 $(s,h) \models P_1 -* P_2$ 表示如果当前堆 h 增加一个与之不相交的堆 h'，并且 (s,h') 满足断言 P_1，那么扩展后的堆 $h \cup h'$ 和栈 s 满足断言 P_2。

框架规则 (frame rule) 是分离逻辑中的一个重要规则，它用于局部推理。

$$\frac{\{P\} \ C \ \{Q\}}{\{P * R\} \ C \ \{Q * R\}} \quad (\text{框架规则})$$

其中，C 不修改 R 中的任何自由变量。断言 R 陈述的是不受 C 影响的状态空间，因此，当分析一个程序片段时，这个规则使得分析人员只需考虑当前代码所涉及的状态空间，而不必考虑整个状态空间。

2.3　刻画并发数据结构的行为

2.3.1 程序语言

并发数据结构封装了共享变量以及操作共享变量的方法。在并发的环境下，客户端程序并发地调用数据结构中的方法。本书假设客户端程序与并发数据结构之间不共享内存单元，客户端程序仅通过调用并发数据结构中的方法与之交互。对于一个并发数据结构 Z，使用 Zop 表示 Z 中方法的集合，为简化之后的讨论，我们假设 Z 中的每个方法仅有一个参数，每个方法通过 $\mathrm{ret}(E)$ 指令返回表达式 E 的值，客户端程序通过 $x := Z.f(E)$ 的形式调用方法。对于一个客户端程序 P，$P(Z)$ 表示客户端程序 P 使用并发数据结构 Z 的程序。

　　如图 2-2 所示，I 表示原子指令的集合，cons 表示分配内存单元命令，$x := [E]$ 和 $[E] := E$ 分别为读取和写入内存单元指令，$\langle C \rangle$ 代表原子块。程序 $P(Z)$ 包含多个并发执行的顺序模块，每个顺序模块（程序）由不同的线程执行。

$$P(Z) ::= C \| \cdots \| C$$

$$E ::= n \,|\, x \,|\, E + E \,|\, \cdots$$

$$B ::= \mathrm{true} \,|\, \mathrm{false} \,|\, E = E \,|\, E \leqslant E \,|\, \cdots$$

$$I ::= x := [E] \,\big|\, [E] := E \,\big|\, x := E \,\big|\, x := \mathrm{cons}(E) \,\big|\, \cdots$$

$$C ::= I \,\big|\, x := Z.f(E) \,\big|\, C;C \,\big|\, \mathrm{if}\ B\ \mathrm{then}\ C\ \mathrm{else}\ C \,\big|\, \mathrm{while}\ B\ \mathrm{do}\ C \,\big|\, \langle C \rangle$$

图 2-1　基本语句与原子指令

2.3.2 事件模型

　　本书把一个方法的调用称为一个操作，用 OID 表示程序中操作标识的集合，TID 为线程标识的集合，M 为方法名的集合。程序的迹语义建立在事件的基础上，事件有以下几种类型：

$$Event ::= \big(t, \mathrm{inv}(m,v), o\big) \,\big|\, \big(t,a,o\big) \,\big|\, \big(t, \mathrm{ret}(v), o\big) \,\big|\, \big(t,a\big)$$

其中，$o \in OID$，$m \in M$，$t \in TID$。$(t, \mathrm{inv}(m,v), o)$ 表示带有实参 v 的 m 方法的调用事件，其中 t 表示该事件被线程 t 执行，o 表示这个方法的调用被标识为操作 o。(t, a, o) 表示一个操作 o 的原子操作 a 被线程 t 执行。$(t, \mathrm{ret}(v), o)$ 表示操作 o 的一个返回事件，其中，v 表示返回值。(t, a) 表示一个客户端的原子操作 a 被线程 t 执行。当事件的线程域和操作域与讨论无关时，通常会将它们省略。用 $\mathrm{Thr}(e)$ 表示事件 e 的线程标识，$\mathrm{Op}(e)$ 表示事件 e 的操作标识。用 $invAct$ 表示所有调用事件的集合，用 $retAct$ 表示所有返回事件的集合。一个调用事件 $e_1 \in invAct$ 匹配一个返回事件 $e_2 \in ret\mathrm{Act}$，记作 $e_1 \bullet e_2$，当且仅当 $\mathrm{Op}(e_1) = \mathrm{Op}(e_2)$。

路径是由事件组成的序列。本书使用迹语义（trace semantics）来描述程序可能的交互，一个程序的迹语义为程序执行路径的集合，如图 2-3 所示。对于一个顺序模块 C，$[\![C]\!]_t$ 代表 C 所有可能的路径的集合，其中参数 t 表示该顺序程序由线程 t 执行。对于布尔表达式 B，$[\![B]\!]^{\mathrm{true}}$ 代表布尔表达式 B 求值结果为真值的一个原子操作。$[\![x = Z.\langle f(E) \rangle]\!]$ 代表客户端程序调用数据结构原子方法的迹语义，其中，$\langle (t, o, \mathrm{inv}(f, n)) \cap \rho_2^{\cdot}(t, o, \mathrm{ret}(v) \rangle$ 为原子路径，即里面的操作作为一个整体与其他的原子操作交互。二元操作 $|||$ 表示由两个序列所有可能的交互而形成的路径集合。在方法调用的语义中，不确定性的选择值 n 作为调用方法的实参。为确保方法参数 E 的求值结果为 n，在调用事件前插入了 $(E == n)_t^{\mathrm{true}}$ 原子操作。注意：其中的一些路径是不可行的，如当方法调用的时候，参数的值不是 n 或者当参数的值是 n 的时候，方法的返回值不是 v。在下一小节，将使用带标记的变迁系统（labelled transition system）建模程序的执行。这个程序的执行语义（execution semantics）将排除这些不可行的路径。用 $\prec$ 表示事件发生的先后顺序。对于一条路径中的两个事件 e_1 和 e_2，$e_1 \prec e_2$，当且仅当在这条路径中，e_1 在 e_2 的前面。

$$[\![a]\!]_t = \begin{cases} (a,t), & a \text{ 属于客户端的原子操作;} \\ (a,o,t), & a \text{ 属于操作 } o \text{ 的原子操作;} \end{cases}$$

$$[\![\mathrm{ret}(E)]\!]_t = \{(t,o,\mathrm{ret}(v)) \mid v \in Values\}$$

$$[\![C_1;C_2]\!]_t = [\![C_1]\!]_t [\![C_2]\!]_t = \{\rho_1^{\frown}\rho_2 \mid \rho_1 \in [\![C_1]\!]_t \wedge \rho_2 \in [\![C_2]\!]_t\}$$

$$[\![\text{if } B \text{ then } C_1 \text{ esle } C_2]\!]t = [\![B]\!]_t^{\mathrm{true}} [\![C_1]\!]_t \cup [\![B]\!]_t^{\mathrm{false}} [\![C_2]\!]_t$$

$$[\![\text{while } B \text{ do } C]\!]t = (B^{\mathrm{true}})_t [\![C]\!]t) \times [\![B]\!]_t^{\mathrm{false}} \cup \left([\![B]\!]_t^{\mathrm{true}} [\![C]\!]_t\right)^{\omega}$$

$$[\![x = Z.f(E)]\!]_t = \Big\{(E == n)_t^{\mathrm{true}^{\frown}}(t,o,\mathrm{inv}(f,n))^{\frown}\rho_2^{\frown}(t,o,\mathrm{ret}(v))^{\frown}(t,x := v)$$
$$\mid n \in Values \wedge \rho_2^{\frown}(t,o,\mathrm{ret}(v)) \in [\![f_{body}]\!]_t\Big\}$$

$$[\![x = A.\langle f(E)\rangle]\!]_t = \Big\{(E == n)_t^{\mathrm{true}^{\frown}}\langle t,o,\mathrm{inv}(f,n)\rangle \wedge \rho_2^{\frown}(t,o,\mathrm{ret}(v))\rangle^{\frown}(t,x := v)$$
$$\mid n \in Values \wedge \rho_2^{\frown} \wedge (t,o,\mathrm{ret}(v)) \in [\![f_{body}]\!]_t\Big\}$$

$$[\![C_1 \| C_2]\!] = \bigcup\{\lambda_1 \| \lambda_2 \mid \lambda_1 \in [\![C_1]\!]_{t1} \wedge \lambda_2 \in [\![C_2]\!]_{t2}\}$$

图 2-3　程序的迹语义

2.3.3 执行语义

对于程序 $P(Z)$，用二元组 $(\sigma_c,(\sigma_z,u))$ 表示程序的状态，其中 $\sigma_c \in Cstate$ 为客户端的状态，$\sigma_z \in Zstate$ 为并发数据结构 Z 的状态，记录 Z 的共享变量和指针的值。$l \in \mathrm{Lop}$ 表示一个操作的本地状态。$u \in U : O \to \mathrm{Lop}$，$u$ 为 Z 的本地配置，将操作标识映射到操作的本地状态。用 $\phi \in U$ 表示空映射，当所有的操作开始执行之前，则 $u = \phi$。在执行的开始和终止变迁中，常省略方法的本地配置。

使用带标记的变迁系统（labelled transition system）定义程序的

执行。一个变迁的形式为 $\sigma \overset{e}{\to} \sigma'$，其中，$\sigma$、$\sigma'$ 分别表示变迁前、后的状态，e 表示一个事件。例如，$(\sigma_c,(\sigma_z,u)) \overset{e}{\to} (\sigma_{c'},(\sigma_z,u))$ 表示一个客户端的事件 e 将客户端的状态 σ_c 转换成 $\sigma_{c'}$。$abort$ 表示一个由错误运行而导致的"不正确"状态。$(\sigma_c,(\sigma_z,u)) \overset{e}{\to} abort$ 表示事件 e 在初始状态 $(\sigma_c,(\sigma_z,u))$ 下，导致的一个错误的运行。

对于任意一个客户端程序 $P(Z)$，$(\sigma_{c0},(\sigma_{z0},\phi)) \overset{e_1}{\to} (\sigma_{c1},(\sigma_{z1},u_1)) \overset{e_2}{\to} \cdots \overset{e_n}{\to} (\sigma_{cn},(\sigma_{zn},u_n))$ 表示该程序从初始状态 $(\sigma_{c0},(\sigma_{z0},\phi))$ 开始的，其终止状态为 $(\sigma_{cn},(\sigma_{zn},u_n))$，产生路径为 $(e_1,e_2,\cdots,e_n)$ 的一个执行。在迹语义中，程序的语义为所有可能发生的路径的集合，这其中可能包括不可行的路径。

例如，下面的程序 P：

$$x = 0 \,; x = x+1; \ \text{if}\,(x=0)\ \text{return error};$$

依据迹语义，P 包括如下两条路径：

$x := 0$；$x := x+1$；$(x == 0)^{\text{false}}$。

$x := 0$；$x := x+1$；$(x == 0)^{\text{true}}$；error action。

无论 x 的初始值是什么，在任何执行中，布尔表达式 $(x == 0)$ 的值都不可能为真。因此，第二条路径是不可行的路径，在变迁系统的语义中，排除了这条路径。一些原子操作的变迁规则如下所示：

$$(s,h) \overset{x:=E}{\to} (s[x:v],h) \ \text{iff}\ \text{V}(E,s) = v$$

$$(s,h) \overset{x:=[E]}{\to} (s[x:v],h) \ \text{iff}\ h(\text{V}(E,s)) = v$$

$$(s,h) \overset{x:=[E]}{\to} abort \ \text{iff}\ \text{V}(E,s) \notin \text{dom}(h)$$

$$(s,h) \overset{[E]:=E'}{\to} \left(s,h[\text{V}(E,s):\text{V}(E',s)]\right) \ \text{iff}\ \text{V}(E,s) \in \text{dom}(h)$$

$$(s,h) \xrightarrow{[E]:=E'} \text{abort iff } V(E,s) \notin \text{dom}(h)$$

$$(s,h) \xrightarrow{x:=\text{cons}(E)} \left(s[x:\ell],h\ell:V(E,s)\text{iff } \ell \notin \text{dom}(h)\right)$$

其中，$s[x:v]$ 表示一个除变量 x 映射为 v，其他映射都与 s 相同的栈，类似地，$h[\ell:v]$ 表示除地址 ℓ 映射为 v，其他映射都与 h 相同的堆。设表达式 E 和堆状态 s，$V(E,s)$ 表示在状态 s 下表达式 E 的值。对于一个方法的调用事件 $(t,\text{inv}(m,v),o)$，在变迁转换中，它的影响是将方法的形参赋值为 v。对于方法的返回事件，它不会影响程序的状态，表示方法执行的结束，将运行控制权返回给调用的客户端程序。

假设路径 $\lambda = (a_1,\cdots,a_n)$，用 $\sigma \xrightarrow{\lambda} \sigma'$ 表示存在状态 $\sigma_1,\cdots,\sigma_{n-1}$ 使得 $\sigma \xrightarrow{a_1} \sigma_1 \cdots \xrightarrow{a_{n-1}} \sigma_{n-1} \xrightarrow{a_n} \sigma'$。用 $Pr[\![P(Z)]\!]$ 表示由 $[\![P(Z)]\!]$ 中所有路径中的前缀构成的集合。

假设一个程序 $P(Z)$，$(\sigma_c,\sigma_z) \xrightarrow{\lambda} (\sigma_c',\sigma_z')$，其中 $\lambda \in P(Z)$，表示该程序是从初始状态 $(\sigma_c,(\sigma_z,\phi))$ 开始的，终止状态为 $(\sigma_c',(\sigma_z'))$ 的一个正常终止的执行；用 $(\sigma_c,\sigma_z) \xrightarrow{\lambda} \omega$，其中 $\lambda \in P(Z)$，表示该程序从初始状态 $(\sigma_c,(\sigma_z,\phi))$ 开始的一个发散的执行；用 $(\sigma_c,\sigma_z) \xrightarrow{\lambda} \text{abort}$，其中 $\lambda \in PrP(Z)$，表示从初始状态 $(\sigma_c,(\sigma_z,\phi))$ 开始的，一个出现运行错误的执行；用 $(\sigma_c,\sigma_z) \xrightarrow{\lambda} \text{abort}_c$，其中 $\lambda \in Pr[\![P(Z)]\!]$，表示从初始状态 $(\sigma_c,(\sigma_z,\phi))$ 开始的，一个由客户端导致的错误执行。

对于一个 $P(Z)$ 的执行 π，用 $\text{tr}(\pi)$ 表示这个执行 π 中产生的路径。$\text{tr}(\pi)\lceil A_c$ 表示 $\text{tr}(\pi)$ 路径中的由客户端的原子事件构成的最大子序列，也就是路径 $\text{tr}(\pi)$ 投影到客户端的原子事件。$\text{tr}(\pi)\lceil A_z$ 表示 $\text{tr}(\pi)$ 路径中由并发数据结构 Z 的事件构成的最大子序列；用 $\text{tr}(\pi)\lceil t$ 表示 $\text{tr}(\pi)$ 路径中的由被线程 t 执行的事件构成的最大子序列。

一个发散的执行可能是由客户端导致的，也可能是由并发数据结构导致的。对于程序 $P(Z)$，用 $(\sigma_c, \sigma_z) \xrightarrow{\lambda}_c^\omega$，其中 $\lambda \in [\![P(Z)]\!]$，表示一个由客户端导致的发散执行，即 $|\lambda \lceil A_c| == \omega \wedge |\lambda \lceil A_z| \neq \omega$。

在程序模型中，本书假设并发数据结构 Z 和客户端程序的内存单元是隔离的，它们之间不共享内存单元。因此，对于程序 $P(Z)$ 的一次执行，可以分割成客户端的执行和并发数据结构 Z 的执行。例如对于 $P(Z)$ 的一次终止的执行 $\pi = (\sigma_{c0}, (\sigma_{z0}, \phi)) \xrightarrow{e_1} (\sigma_{c1}, (\sigma_{z1}, u_1)) \xrightarrow{e_2} \cdots \xrightarrow{e_n} (\sigma_{cn}, (\sigma_{zn}, u_n))$，通过分割 π 的执行，可以得到客户端的执行 π_c 和并发数据结构 Z 的执行 π_z：

$$\pi_c = (\sigma_{c0}) \xrightarrow{b_1} \cdots \xrightarrow{b_n} (\sigma_{cn}), \quad \mathrm{tr}(\pi_c) = \mathrm{tr}(\pi) \lceil A_c$$

$$\pi_z = (\sigma_{z0}, \phi) \xrightarrow{c_1} \cdots \xrightarrow{c_n} (\sigma_{zn}, u_n), \quad \mathrm{tr}(\pi_z) = \mathrm{tr}(\pi) \lceil A_z$$

本书中并发数据结构的执行是指不与客户端交互，形如 π_z 一样的执行。

2.4　并发数据结构的可线性化

2.4.1 执行记录

可线性化用执行记录（history）描述并发数据结构外部的可观察行为。执行记录是由方法调用事件和返回事件组成的一个序列，记录了方法的外部可观察行为，即方法的输入参数和方法的返回值。

定义 2.4.1（执行记录） 一个并发数据结构的任意执行 π，在此执行中形成的执行记录，记作 $H(\pi)$，是由执行路径 $\mathrm{tr}(\pi)$ 中方法的调用事件和返回事件组成的最大子路径：

$$H(\pi) = \mathrm{tr}(\pi) \lceil (invAct \cup retAct)$$

定义 2.4.2（顺序的执行记录） 一条记录 H 是顺序的，当且仅当 H 第一个事件是调用事件时，每一个调用事件（如果 H 中最后的事件是一个调用事件，该事件除外）后面相邻的事件是和它匹配的返回事件，形式化定义如下：

$$\forall i, \; i \leqslant |H| \land i \in \{x \mid x = 2n, n \in N^*\} \Rightarrow H(i) \in retAct \land H(i-1) \to H(i)$$

设一条执行记录 H，如果每个线程 t 的执行记录 $H\lceil t$ 都是顺序的，则称 H 是良形的（well-formed）。本书仅考虑良形的执行记录。在一条执行记录中，如果一个调用事件没有匹配的返回事件，则这个调用事件称为待响应（pending）事件。如果一条执行记录不含有待响应事件，则称为完整的执行记录；否则称为不完整的执行记录。

定义 2.4.3（完整的执行记录） 一条执行记录 H 是完整的，当且仅当每一个调用事件都有匹配的返回事件，形式化定义如下：

$$\forall i, \; H(i) \in invAct \Rightarrow \exists j, \; H(j) \in retAct \land \big(H(i) \to H(j)\big)$$

对于一个不完整的执行记录 H，它的完整化是指一个通过在 H 中的末尾加上和待响应事件匹配的返回事件和通过删除 H 中的待响应调用事件而获得的一个完整的执行记录。用 $\mathrm{Compl}(H)$ 表示 H 所有完整化构成的集合，形式化定义如下：

$$\mathrm{Compl}(H) = \{T \mid T \text{是完整的} \land T\lceil\{H\} \in \mathrm{Del}(H) \land T\lceil\{H\} \leqslant_{pre} T\}$$

$$\mathrm{Del}(H) = \{H' \mid H' \leqslant_{sub} H \land \forall i, j, H(i) \to H(j) \Rightarrow \exists s, t, H(i)$$
$$= H'(s) \land H(j) = H'(t)\}$$

其中，$\mathrm{Del}(H)$ 代表通过删除 H 中一些待响应的调用事件得到的集合。

使用 $\prec_o$ 表示操作间的先于关系，它记录了并发执行过程中不交错执行的操作间的执行先后顺序。对于一条执行记录中的两个操作 O 和 O'，$O \prec_o O'$，当且仅当在这条执行记录中，O 的返回事件在 O'

的调用事件的前面。显然先于关系满足二元关系的非自反性、反对称性和传递性，是一个强偏序关系。

用三元组 $(\sigma_z, H_z, \sigma_z')$ 记录并发数据结构 Z 的一次正常终止执行（并发执行过程中每个被调用的方法都已返回），其中，σ_z 为 Z 的初始状态，H_z 为执行过程中形成的执行记录，σ_z' 为 Z 的终止状态。

2.4.2 可线性化的并发数据结构

下面定义两条执行记录之间的可线性化关系。

定义 2.4.4（可线性化关系） 设两条执行记录 H 和 H'，称 H 和 H' 满足可线性化关系，记作 $H \subseteq H'$，当且仅当：

（1）$\forall t. \, H \lceil t = H' \lceil t$；

（2）存在双射 $\beta: \{1, \cdots, |H|\} \to \{1, \cdots, |H'|\}$ 使得 $\forall i, \, H(i) = H'(\beta(i))$ 和 $\forall i, j, \, i < j \wedge H(i) \in retAct \wedge H(j) \in invAct \Rightarrow \beta(i) < \beta(j)$。

第一个条件要求 H 和 H' 在单个线程上的执行记录是相同的。第二个条件要求 H' 不会违反 H 中操作的先于偏序关系。也就是说，对 H 中的任意两个操作 op_1 和 op_2，如果在 H 中，$op_1 \prec_o op_2$ 成立，那么在 H' 中，$op_1 \prec_o op_2$ 也成立。

下面证明可线性化关系具有传递性，这个性质将用在后面章节的几个主要的定理证明中。本性质的证明和本书后面主要定理的证明都是按 Lamport 倡导的层级结构的证明格式书写。

性质 2.4.1（可线性化关系的传递性） $H_1 \subseteq H_2 \wedge H_2 \subseteq H_3 \Rightarrow H_1 \subseteq H_3$

证明：

（1）$\forall t, \, H_1 \lceil t = H_3 \lceil t$。

证明：根据 $\forall t, \, H_1 \lceil t = H_2 \lceil t$ 和 $\forall t. \, H_2 \lceil t = H_3 \lceil t$ 可得。

2. 假设存在 ① $v_1: \{1, \cdots, |H_1|\} \to \{1, \cdots, |H_2|\}$ 使得 $\forall i, H_1(i) = H_2(v_1(i))$ 和 $\forall i, j, \, i < j \wedge H_1(i) \in retAct \wedge H_1(j) \in invAct \Rightarrow v_1(i) < v_1(j)$。② $v_2: \{1, \cdots, |H_2|\} \to \{1, \cdots, |H_3|\}$ 使得 $\forall i, H_2(i) = H_3(v_2(i))$ 和 $\forall i, j, \, i < j \wedge H_2(i) \in retAct \wedge H_2(j) \in invAct \Rightarrow v_2(i) < v_2(j)$。

证明：依据可线性化关系的定义可得。

3.　存在 $v_3 : \{1, \cdots, |H_1|\} \to \{1, \cdots, |H_3|\}$ 使得 $\forall i,\ H_1(i) = H_3(v_3(i))$，且如果 $\forall i, j, i < j, H_1(i) \in retAct, H_1(j) \in invAct$，那么 $v_3(i) < v_3(j)$。

证明：$\forall i$，令 $v_3(i) = v_2(v_1(i))$，因为 $\forall i,\ H_1(i) = H_2(v_1(i)) \wedge H_2(v_1(i)) = H_3(v_2(v_1(i)))$，所以 $\forall i,\ H(i) = H_3(v_2(v_1(i))) = H_3(v_3(i))$。因为 $\forall i, j,\ i < j \wedge H_1(i) \in retAct \wedge H_1(j) \in invAct$，所以 $v_1(i) < v_1(j)$。根据假设②，得到 $v_2(v_1(i)) < v_2(v_1(j))$。因此，$\forall i, j, i < j \wedge H_1 \in retAct \wedge H_1(j) \in$

$invAct \Rightarrow v_3(i) < v_3(j)$。

（4）证毕。

证明：根据（1）和（3）可得。

下面定义可线性化的并发数据结构。

定义 2.4.5（可线性化的执行记录）　假设一个并发的数据结构 Z、它对应的规约 S 和两者间的抽象函数 AF。对于 Z 的一个从良形的状态 σ_z 开始的执行 π，执行记录 $H(\pi)$ 是可线性化的，当且仅当存在 S 的一个从初始状态 $\mathrm{AF}(\sigma_z)$ 开始的合法的顺序执行 π' 和一条完整的执行记录 $h_c \in \mathrm{Compl}(H(\pi))$，使得 $h_c \subseteq H(\pi')$。

定义 2.4.6（可线性化的并发数据结构）　一个并发的数据结构 Z 相对于它的规约 S 在抽象函数 AF 映射下是可线性化的，当且仅当对于 Z 从任意良形的状态 σ_z 开始的任意执行 π，$H(\pi)$ 都是可线性化的。

其中，抽象函数 AF 映射 Z 中良形的状态到 S 的状态，规约模型和抽象函数将在第 3 章做详细说明。

2.5　观察精化与观察等价

虽然可线性化成为一个被广泛接受的并发数据结构安全性标准，但正如 Filipović 等人所讲，客户真正想知道的是这个正确性标准能提供什么样的保证。通常，客户需要的是观察精化或观察等价的保证。直观地讲，如果一个并发数据结构 O 观察精化另一个并发数据结构 O'，那么任何客户端程序使用 O 能够观察到的行为，当客户端程序使用 O' 取代 O 时，客户端程序也能够观察到。如果一个并发数据结构 O 观察等价于另一个并发数据结构 O'，那么任何客户端程序无论使用 O 还是使用 O'，都能够观察到相同的行为。通常，O 是一个细粒度并发数据结构，而 O' 是一个粗粒度的并发数据结构。因此为简化推理，客户可以使用这个粗粒度的并发数据结构，而在实际执行中，为提高效率则会使用细粒度并发数据结构。

定义观察精化和观察等价首先要明确定义客户需要观察到怎样的行为。Filipović 等人把客户端程序的最终状态作为客户的观察行为，与他们不同的是，笔者把客户端程序的执行路径作为客户的观察行为。这不仅使客户能够观察到客户端程序的最终状态，也使客户能够观察到相关的时态属性。

定义 2.5.1 给定一个程序 $P(Z)$，客户端程序的初始状态为 σ_c，并发数据结构 Z 的初始状态为 σ_z，这个客户端程序最终的状态记作 $\mathrm{MS}[\![P(Z)(\sigma_c,\sigma_z)]\!]$，这个客户端程序产生的路径记作 $\mathrm{MT}[\![P(Z)(\sigma_c,\sigma_z)]\!]$，分别定义如下：

$$\mathrm{MS}[\![P(Z)(\sigma_c,\sigma_z)]\!]=\begin{cases}\{(\sigma_c',\sigma_z')\mid(\sigma_c,\sigma_z)\xrightarrow{\lambda}(\sigma_c',\sigma_z')\}\\ \cup\{abort\mid(\sigma_c,\sigma_z)\xrightarrow{\lambda}abort_c\}\\ \cup\{\bot\mid(\sigma_c,\sigma_z)\xrightarrow{\lambda}{}^{\omega}_c\}\end{cases}$$

$$\mathrm{MT}[\![P(Z)(\sigma_c,\sigma_z)]\!]=\left\{\lambda\lceil A_c\mid(\sigma_c,\sigma_z)\xrightarrow{\lambda}(\sigma_c',\sigma_z')\vee(\sigma_c,\sigma_z)\xrightarrow{\lambda}abort_c\vee(\sigma_c,\sigma_z)\xrightarrow{\lambda}{}^{\omega}_c\right\}$$

注意：在上面的客户观察的行为，即客户端路径和客户端最终状态的定义中，考虑的是程序正常终止时客户端的路径、由客户端导致的错误执行和发散执行时产生的客户端路径，并不包括并发数据结构导致的错误执行和发散执行时产生的客户端路径。一般来说，并发数据结构的实现者确保并发数据结构执行时不会出错，客户依据并发数据结构的进展性和公平性，假设排除由并发数据结构导致的发散执行。

设一个并发数据结构 Z 和它对应的规约模型 S，抽象函数 AF 映射 Z 中良形的状态到 S 的状态，观察精化和观察等价的定义如下。

定义 2.5.2（观察精化） 一个并发数据结构 Z 在抽象函数 AF 映射下观察精化它对应的规约 S，当且仅当对于任何客户端程序 P、任何客户端的初始状态 σ_c、任何 Z 的良形状态 σ_z 都有：

$$\mathrm{MT}[\![P(Z)(\sigma_c, \sigma_z)]\!] \subseteq \mathrm{MT}[\![P(S)(\sigma_c, \mathrm{AF}(\sigma_z))]\!]$$

定义 2.5.3（观察等价） 一个并发数据结构 Z 在抽象函数 AF 映射下观察等价它对应的规约 S，当且仅当对于任何客户端程序 P、任何客户端的初始状态 σ_c、任何 Z 的良形状态 σ_z 都有：

$$\mathrm{MT}[\![P(Z)(\sigma_c, \sigma_z)]\!] = \mathrm{MT}[\![P(S)(\sigma_c, \mathrm{AF}(\sigma_z))]\!]$$

本书假设客户端程序与并发数据结构不共享内存单元，客户端的最终状态可由客户端的路径从客户端的初始状态的执行得到，因此观察等价蕴含客户端最终状态等价。一个并发数据结构 Z 在抽象函数 AF 映射下观察等价于它对应的规约 S，对于任意的客户端程序 P，任意客户端的初始状态 σ_c、任意 Z 的良形的初始状态 σ_z 都有：

$$\mathrm{MS}[\![P(Z)(\sigma_c, \sigma_z)]\!] = \mathrm{MS}[\![P(S)(\sigma_c, \mathrm{AF}(\sigma_z))]\!]$$

客户端路径的定义中包括由客户端导致的发散执行，因此由观察等价可得到下面推论所示的性质。这个性质使得当客户分析程序是否发散时，可以使用规约模型代替并发数据结构的具体实现，从而简化推理。设一个并发数据结构 Z 在抽象函数 AF 映射下观察等价于它的

规约 S，对于任意的客户端程序 P、任意客户端的初始状态 σ_c，任意 Z 的良形的初始状态 σ_z，如果 $P(S)$ 从初始状态 $(\sigma_c, \mathrm{AF}(\sigma_z))$ 开始的执行存在客户端导致的发散执行，那么 $P(Z)$ 也存在客户端导致的发散执行。

2.6　本章小结

本章首先介绍了相关的数学知识，包括集合、序列和偏序关系等，并且证明了偏序关系中的三个性质，这三个性质将在第 5 章定理的证明中使用；其次介绍了本书涉及的程序验证技术，包括 Hoare 逻辑和分离逻辑；再次给出了一些基本的设定，包括程序模型、程序语义，在此基础上，形式化地定义了可线性化关系、可线性化的并发数据结构，并证明了可线性化关系的传递性，这一性质将在后续章节的证明中使用；最后定义了客户端的观察行为、观察精化和观察等价。

与 Filipović 等人把客户端程序的最终状态作为客户的观察行为不同，本书把客户端程序的执行路径作为客户的观察行为。本书定义的观察行为可以使客户观察到客户端程序的最终状态，也可以使客户观察到相关的时态属性。

第 3 章 强可线性化

本章提出并发数结构的一种强一致性标准——强可线性化，并且证明了它的相关属性。

3.1 研究动机

3.1.1 动机的例子（一）

Filipović 等人证明了线性化等价于观察精化——对于一个并发数据结构 Z 和它对应的规约 S，Z 相对 S 是可线性化的，当且仅当 Z 观察精化 S。下面的 HW 队列的例子显示，即使客户端程序以和并发数据结构方法非交互的方式直接访问数据结构的内部状态，如当并发数据结构中被调用的方法全部执行完后客户端再直接访问数据结构，可线性化的观察精化保证也会被破坏。

图 3-1 所示为 HW 队列的代码。items 是一个可容纳无限元素的数组，整数变量 back 代表未被出队操作访问的元素中的一个最小下标。数组的下标从 1 开始，back 变量初始值是 1。算法：假设每一个数组元素的初始值是一个特殊值 null。Inc(back) 原子方法将 back 的值加 1，然后返回原来 back 的值；Swap(items[i],null) 原子方法将

items[i] 元素赋值为 null，并返回该元素原来的值。

```
class Queue{                          data_t Dequeue( ){
int back:=1;                          L₃  local temp,range;
data_t[ ] items;                      L₄  while(true){
void Enqueue(data_t v);               L₅    temp:=null;
data_t Dequeue( ); }                  L₆    range:=back-1;
void Enqueue(data_t v){               L₇    for(int i:=1;i≤range;i++){
L₀  local t;                          L₈      temp:=Swap(items[i],null)
L₁  t:=Inc(back);                     L₉      if (temp≠null)
L₂  items[t]:=v;                      L₁₀       return temp; }
```

图 3-1　HW 队列的代码

图 3-2 展示了 HW 队列的顺序规约 Ato_HW，它和 HW 队列有相同的状态空间，其中 back' 和 items' 分别表示操作结束后变量 back 和数组 items 的值；items[back∶v] 表示一个 back 下标对应的元素的值为 v 的，其他下标对应的元素与 items 中相同下标的元素相同的数组；ε 表示方法没有返回值。这个规约模型中的入队操作和出队操作都是原子的。HW 队列相对 Ato_HW 是可线性化的。

```
class Ato_HW {                       Dequeue_spec() {
int back:=1;                             pre:
data_t[ ] items;                         ∃i. 1 ≤ i < back ∧ ∀1 ≤ j
Enqueue_spec(data_t v) {                      < i − 1.
pre: null;                               items[j] = null ∧ items [i]
post:                                          ≠ null
  items'=items[back:v];                  post:
  back'=back+1;                             items'=items[i:null];
    return ε;                               return items[i];
}                                        }
```

图 3-2　HW 队列的顺序规约

考虑下面的 P(HW) 程序：

　　HW.Enqqqueue('c') || HW.Enqueue('d') || HW.Dequeue()

图 3-3 出示了 P(HW) 程序四种可能的最终状态。然而，程序 P(Ato_HW) 仅有图 3-3（c）和图 3-3（d）所示的两种可能的最终状态。P(HW) 比 P(Ato_HW) 有更多可能的最终状态。因此，当允许客户端程序在 HW 队列的方法都执行完后再直接访问 items[1]（如 x=items[1] 的形式），可线性化的观察精化保证就会被破坏。

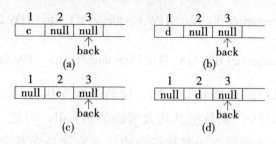

图 3-3　P(HW) 程序四种可能的最终状态

产生这种现象的原因是 HW 队列的并发执行的最终状态可能和它对应的线性化执行的最终状态不一致。图 3-4 展示了 P(HW) 程序产生图 3-3（a）所示的最终状态的一个并发执行。通过执行 Inc 方法（在 L_1），入队操作 Enqueue('c') 和 Enqueue('d') 分别获取到数组 items 的下标 1 和 2。入队操作 Enqueue('d') 在 Enqueue('c') 操作将 c 存入 items[1] 之前完成将 d 存入 items[2]。出队操作时 Dequeue( ) 在 Enqueue('d') 完成存放 d 之后开始遍历数组，并在 Enqueue('c') 完成存放 c 之前完成遍历。出队操作 Dequeue( ) 遍历数组时，读到 items[1] 的值为 null，因此出队操作 Dequeue( ) 遇到的第一个元素值不为 null 的元素是 items[2]。然后出队操作 Dequeue( ) 将 item[2] 的值改为 null。这个并发执行的结果是 items[1] 的值是 c，而其他数组元素的值是 null。

操作	时间 /s					
	1	2	3	4	5	6
Enqueue（'c'）	L_0, L_1					L_2
Enqueue（'d'）		L_0, L_1		L_2		
Dequeue（ ）			L_3–L_6		L_7–L_1	

图 3-4 P(HW) 的一个并发的执行

与这个并发执行对应的有下面两个线性化执行：

Ato_HW.Enqueue('d'); Ato_HW.Enqueue('c'); Ato_HW.Dequeue( )

Ato_HW.Enqueue('d'); Ato_HW.Dequeue( ); Ato_HW.Enqueue('c')

与并发执行的最终状态不同，这两个顺序执行的最终状态都是 items[2] 的值是 c，而数组其他元素的值是 null。因此，当允许客户端程序在 HW 队列的方法都执行完成后再直接访问数组 items，这个不一致的状态就能被客户端程序观察到。在这种情况下，虽然客户端程序不与队列并发地访问数组元素，但是当客户使用 HW 的顺序规约 Ato_HW 来推理程序时，就可能得出错误的结论。

由此可见，可线性化并不能保证数据结构并发执行和它对应的线性化执行有相同的最终状态。产生这种现象的一个重要原因是可线性化是并发数据结构的一个外部观察行为的属性，而它未考虑并发数据结构的内部状态。当并发数据结构封装良好时，即客户端不直接访问并发数据结构的内部状态，这种不一致的状态不会被客户端程序观察到。当客户端程序需要和并发数据结构共享内存单元时，那么即使客户程序以和并发数据结构的方法非交互的方式访问这些内存单元，观察精化也会被破坏。在这种情形下，如果客户使用和它对应的规约来推理程序就会得出错误的结论。

在一些应用中，并发数据结构需要和客户端程序共享内存单元，并允许客户端程序通过以和并发数据结构方法非交互的方式访问这些共享空间。例如，RDCSS（restricted double-compare single-swap）数据结构是 Harriset 等人提出的 MCAS（multiple compare-and-swap）算法的一部分。MCAS 可视为 RDCSS 的客户端，MCAS 或直接通过内存单元的原子读写操作访问 RDCSS 的内存单元，或经过 RDCSS 提供的方法访问这些内存单元。

3.1.2 动机的例子（二）

可线性化只能确保观察精化，而非观察等价。因此，对于一个可线性化的并发数据结构，当客户使用和它对应的规约来设计和推理程序时，新的观察行为可能被引入。

图 3-5 展示了一个队列基于序列的规约模型。HW 队列相对这个规约模型是可线性化的。考虑下面的程序：

$$Enqueue('c') \parallel y = Dequeue();$$

```
classSpec_queue{                          }
Sequence seq ;                            Enqueue_spec(data_tv){
Enqueue_spec(data_tv) ;                     pre :
Dequeue_spec(   ) ;                           post:seq'=seq ˆ x ;
return ε ;                                return empty ;
}                                         case2 :
Dequeue_spec(   ){                          pre:sep ≠ empty ;
case1 :                                   post:seq'=Tail(seq) ;
pre:sep=empty                             return First(seq) ;
post:seq' =seq ;                          }
```

图 3-5　一个队列基于序列的规约模型

当程序使用 HW 队列时，变量 y 的最终值是 c，而当程序使用这个抽象队列的时候，变量 y 的最终值可能是 c 或 empty。

不同的客户对并发数据结构的安全性有不同的需求，本书将提出一个强可线性化标准，确保该标准给客户带来观察等价的保证，即对于一个并发数据结构 Z 和它的规约 A，对于任意一个使用 Z 的客户端程序 P，P 使用 Z 与 P 使用 A 将产生相同的可观察的行为；同时确保该标准允许客户端程序以和并发数据结构的方法非交互的方式直接访问数据结构而不会破坏观察等价的保证。

3.2　强可线性化的定义

本书应用规约模型的方法规约并发数据结构。一个规约模型由一组状态和一组在该状态上的原子操作构成，定义如下。

定义 3.2.1（规约模型）　一个规约模型 A 为一个五元组 $A = ($Astate, σ_0, Aop, Input, Output$)$，其中 Astate 为 A 的状态集合，$\sigma_0 \in$ Astate 为初始状态，Aop 为 A 的方法集合，Input 和 Output

分别为方法参数和返回值的集合，每个方法 aop ∈ Aop 是一个映

射 aop : Astate × Input $\xrightarrow{a\$1}$ Astate × Output 。

　　其中，方法建模为一个偏函数，因为方法在某些状态下可能是没有定义的，例如一个栈可能不允许栈为空时完成出栈操作。用 $aop(\sigma_a, \text{in}) = (\sigma_a', \text{ret})$ 表示方法 aop 转换一个初始状态 σ_a 和一个输入参数 in 到一个最终状态 σ_a' 和返回值 ret。本书要求抽象模型的方法是原子的和确定性的，即每个方法原子转换一个状态到唯一的一个新状态。$(\sigma_a, \text{in})aop(\sigma_{a'}, \text{ret})$ 表示方法 $a\$1$ 从实参为 in、初始状态为 σ_a 开始的一个正常终止的执行，其终止的状态是 $\sigma_{a'}$，返回值是 ret。$(\sigma_a, \text{in})aop(\sigma_{a'}, \text{ret})$ 是合法的，当且仅当 $aop(\sigma_a, \text{in}) = (\sigma_a', \text{ret})$。$A$ 的一次合法的执行是指在该执行中，每个方法的执行都是合法的。

　　对于一个并发数据结构 Z 和它对应的规约 A，用抽象函数 AF : Zstate → Astate 映射 Z 的良形的状态（值）到 A 的值。要求抽象函数是满射的，即 A 中的任何一个值至少和 Z 的一个值相对应。仅仅 Z 中良形的状态能够代表 A 中的抽象状态，即 Z 的任何一个良形的状态都能和 A 中的一个值相对应。抽象函数阐释了客户端如何抽象地看待并发数据结构实现的内部结构。重命名函数 RF : Zop → Aop 将并发数据结构的方法名映射到抽象模型的方法名。其中，RF^{-1} 表示 RF 的反函数。

　　定义 3.2.2（强可线性化）　一个并发数结构 Z 相对于它的规约 A 在抽象函数 AF 映射下是强可线性化的，当且仅当：

　　（1）$\forall op \in \text{Aop}$，$\sigma_z, \sigma_a, \sigma_{a'}$, in, ret，$\text{AF}(\sigma_z) = \sigma_a \wedge op(\sigma_a, \text{in}) = (\sigma_{a'}, \text{ret}) \Rightarrow \exists \sigma_{z'}.(\sigma_z, \text{in})\text{RF}^{-1}(op)(\sigma_{z'}, \text{ret}) \wedge \text{AF}(\sigma_{z'}) = \sigma_{a'}$。

　　（2）Z 相对于 A 在抽象函数 AF 映射下是可线性化的，并且对于 Z 的每一个从良形的状态开始的正常终止的执行 $(\sigma_z, H_z, \sigma_z')$，存在一个 A 的能正常终止的执行 $(\text{AF}(\sigma_z), H_a, \text{AF}(\sigma_z'))$，使得 $H_z \subseteq H_a$。

直观地讲，条件 1 要求规约 A 的每一次正常终止的执行，都对应 Z 的一次正常终止执行；条件 2 在可线性化的基础上，要求并发执行和对应的线性化执行的最终状态保持映射关系。条件 1 能确保 A 观察精化 Z，而可线性化能确保 Z 观察精化 A，所以强可线性化能为客户提供观察等价的保证。下一小节将形式化地证明这个结论。

3.3 强可线性化蕴含观察等价

在第 2 章已经定义了观察等价，本节证明强可线性化蕴含观察等价，并展示由强可线性化蕴含观察等价而得到的两个推论。观察等价使得客户可以根据并发数据结构的规约模型推理客户端程序而不用考虑并发数据结构具体实现的细节。客户调用并发数据结构的方法时，如同使用规约中的原子操作，而不用考虑如何同步它们。

定理 3.3.1（强可线性化蕴含观察等价） 如果并发数据结构 Z 相对于它的规约 A 在抽象函数 AF 映射下是强可线性化的，那么 Z 在抽象函数 AF 映射下观察等价 A。

证明：根据下面的引理 3.3.1 和引理 3.3.2 可得。

方法顺序执行时，可省略掉方法的本地状态，用 $(\sigma_z) \xrightarrow{\text{inv}(op,n),\text{ret}(v)} (\sigma_{z'})$ 表示操作 op 从初始状态 σ_z 和实参 n 开始的一个正常终止的顺序执行，执行的最终状态是 $\sigma_{z'}$，返回值是 v。类似地，用 $(\sigma_z) \xrightarrow{\text{inv}(op,n),\text{ret}(v)} (\sigma_{z'})$ 表示原子操作 op 对应的执行。假设两条执行记录 H 和 H' 满足可线性化关系 $H \sqsubseteq H'$，用双射函数 F 映射两者间的操作，即对于 H 中的任意的调用事件 inv 和 H' 中的任意的调用事件 inv'，如果 $\exists t,i, \mathrm{F}\big(\mathrm{op}(inv)\big) = \mathrm{op}(inv') \wedge H\lceil t(i) = inv \Rightarrow H'\lceil t(i) = inv'$。

引理 3.3.1 假设并发数据结构 Z 相对它的规约 A 是强可线性化的，那么对于任意的客户端程序 P、任意的客户端初始状态 σ_c 和 Z 任意的良形的状态 σ_z 都有：

$$\mathrm{MT}[\![P(Z)(\sigma_c,\sigma_z)]\!]\subseteq \mathrm{MT}[P(A)(\sigma_c,\mathrm{AF}(\sigma_z))]$$

证明：

（1）假设程序 $P(Z)$ 任意一次正常终止的执行 $\pi=(\sigma_{c0},(\sigma_{z0},\phi))\xrightarrow{a_1}$ $(\sigma_{c1},(\sigma_{z1},u_1))\xrightarrow{a_2}(\sigma_{c2},(\sigma_{z2},u_2))\cdots\xrightarrow{a_n}(\sigma_{cn},(\sigma_{zn},u_n))$，分离 π 得到一个客户端的执行 $\pi_c=(\sigma_{c0})\xrightarrow{b_1}\cdots\xrightarrow{b_n}(\sigma_{cn})$，其中，$\mathrm{tr}(\pi_c)=\mathrm{tr}(\pi)\ulcorner A_c$，那么存在 $P(A)$ 的一次执行 $\pi'=(\sigma_{c0},(\sigma_{a0},\phi))\xrightarrow{c_1}(\sigma_{c1}',(\sigma_{a1},u_1))\xrightarrow{c_2}(\sigma_{c2}',(\sigma_{a2},u_2))\xrightarrow{c_n}(\cdots,\sigma_{cn},(\sigma_{an},u_n))$，使得 $\mathrm{tr}(\pi')\ulcorner A_c=\mathrm{tr}(\pi)\ulcorner A_c$，其中，$\mathrm{AF}(\sigma_{z0})=\sigma_{a0}$。

①存在 A 的一次执行：$\pi_a=(\sigma_{a0})\xrightarrow{\langle\mathrm{inv}(op_1,n_1),\mathrm{ret}(v_1)\rangle}(\sigma_{a1}),\cdots,\xrightarrow{\langle\mathrm{inv}(op_n,n_n),\mathrm{ret}(v_n)\rangle}(\sigma_{an})$，其中，$\sigma_{a0}=\mathrm{AF}(\sigma_{z0})$，使得 $H(\pi)\subseteq H(\pi_a)$。

证明：由强可线性化定义（定义 3.2.2）中的条件 2 可得。

②对于 $H(\pi_a)$ 中的每个原子执行 $\langle\mathrm{inv}(op_i,n_i),\mathrm{ret}(v_i)\rangle,i\in[1,\cdots,n]$，依据方法调用的迹语义，在 $H(\pi_c)$ 中存在线程内的两个连续原子事件，一个参数求值的操作，$(e_i==n_i)^{\mathrm{true}}$，为简化书写，以下用 e_i 代替它；一个接收方法的返回值的操作，$x_i:=v_i$。分别表示方法参数求值的结果等于 n_i，方法的返回值等于 v_i。

证明：由 $H(\pi)\subseteq H(\pi_a)$ 可得，在 π 中执行 Z 的方法一一对应 π_a 中执行 A 的方法，且两者有相同的实参和返回值。令 F 为 $H(\pi)$ 和 $H(\pi_a)$ 两者操作间的映射函数，设 F 函数映射每一个在 $H(\pi_a)$ 里的操作 $op_i,i\in[1,\cdots,n]$ 到 $H(\pi)$ 中的操作是 op_i。

③在 π_a 中的每个操作 op_i 的原子执行 $\langle\mathrm{inv}(op_i,n_i),\mathrm{ret}(v_i)\rangle$，$i\in[1,\cdots,n]$，都能插入 $\mathrm{tr}(\pi_c)$ 中对应的 e_i 和 $x_i:=v_i$ 之间，并保持在 π_a 中的执行顺序。

证明：每个操作的原子执行 $\langle\mathrm{inv}(op_i,n_i),\mathrm{ret}(v_i)\rangle,i\in[1,\cdots,n]$ 能够依次插入 e_i 和 $x_i:=v_i$ 之间，并保持在 π_a 中的执行顺序。

对插入步 n 做归纳证明：

a. 奠基：当 $n=1$ 时，显然成立。

b. 假设当 $n=k$ 时，每一个原子执行 $\langle \text{inv}(op_i,n_i),\text{ret}(v_i)\rangle, i\in[1,\cdots,k]$ 都能插入 e_i 和 $x_i:=v_i$ 之间，且保持它们在 π_a 中的执行顺序。当 $n=k+1$ 时，$\langle \text{inv}(op_{(k+1)},n_{(k+1)}),\text{ret}(v_{(k+1)})\rangle$ 插入 $e_{(k+1)}$ 和 $x_{(k+1)}:=\text{ret}_{(k+1)}$ 之间，且在 $\langle \text{inv}(op_k,n_k),\text{ret}(v_k)\rangle$ 之后。

（a）$e_k \prec_e x_{(k+1)}:=\text{ret}_{(k+1)}$。

证明：假设 $x_{(k+1)}:=\text{ret}_{(k+1)} \prec_e e_k$，可得在 π 中 $op_{(k+1)}' \prec_o op_k$。因为在 π_a 中，$op_k \prec_o op_{(k+1)}$，$H(\pi) \subseteq H(\pi_a)$；$op_{(k+1)}' \prec_o op_k$。显然这两个结论矛盾，假设不成立。

（b）e_k，$x_k:=\text{ret}_k$，$e_{(k+1)}$，$x_{(k+1)}:=\text{ret}_{(k+1)}$ 之间所有可能的先于关系如下所示：

$$e_{(k+1)} \prec e_k \prec x_{(k+1)}:=\text{ret}_{(k+1)} \prec x_k:=\text{ret}_k$$

$$e_k \prec e_{(k+1)} \prec x_{k+1}:=\text{ret}_{(k+1)} \prec x_k:=\text{ret}_k$$

$$e_{(k+1)} \prec e_k \prec x_k:=\text{ret}_k \prec x_{(k+1)}:=\text{ret}_{(k+1)}$$

$$e_k \prec e_{(k+1)} \prec x_k:=\text{ret}_k \prec x_{(k+1)}:=\text{ret}_{(k+1)}$$

$$e_k \prec x_k:=\text{ret}_k \prec e_{(k+1)} \prec x_{(k+1)}:=\text{ret}_{(k+1)}$$

证明：根据（a），有 $e_{(k+1)} \prec_e x_{(k+1)}:=\text{ret}_{(k+1)}$ 和 $e_k \prec_e x_k:=\text{ret}_k$。

（c）证毕。

证明：在（b）出现的各种可能的先于关系中，总能把 $\langle \text{inv}(op_{(k+1)},\ n_{(k+1)}),\ \text{ret}(v_{(k+1)})\rangle$ 插入 $e_{(k+1)}$ 和 $x_{(k+1)}:=\text{ret}_{(k+1)}$ 之间，且在 $\langle \text{inv}(op_k,n_k),\ \text{ret}(v_k)\rangle$ 之后。

c. 证毕。

证明：依据 a、b 和数学归纳法性质可得。

④设按步骤③把 π_a 中的每个原子执行 $\langle \text{inv}(op_i,n_i),\text{ret}(v_i)\rangle$，$i\in[1,\cdots,n]$ 插入到 $\text{tr}(\pi_c)$ 中对应的 $(e_i==n_i)^{\text{true}}$ 和 $x_i:=\text{ret}_i$ 之间，得

到 路 径 $\xi = L_1, \cdots, L_n$，那 么 存 在 $(\sigma_{ci}', (\sigma_{ai}, u_i), i \in [1, \ldots, n-1]$ 使 得

$$\pi_\tau = (\sigma_{c0}, (\sigma_{a0}, \phi)) \xrightarrow{L_1} (\sigma_{c1}', (\sigma_{a1}, u_1)) \xrightarrow{L_2} (\sigma_{c2}', (\sigma_{a2}, u_2)) \cdots \xrightarrow{L_n} (\sigma_{cn}, (\sigma_{an}, u_n))$$

是可执行的。

证明：因为 $\pi_c = (\sigma_{c0}) \xrightarrow{a_1} \cdots \xrightarrow{a_n} (\sigma_{cn})$ 和 $\mathrm{tr}(\pi_c) = \mathrm{tr}(\pi) \lceil A_c = \pi_\tau \lceil A_c$，所以 $\sigma_{c0} \xrightarrow{\pi_\tau \lceil A_c} \sigma_{cn}$。由①可得 $(\sigma_{a0}, \phi) \xrightarrow{\pi_\tau \lceil A_a} (\sigma_{an}, u_n)$。根据语义，客户端的原子操作不改变数据结构的状态，数据结构中的原子操作不改变客户端的状态，所以 π_τ 是可执行的。

⑤ π_τ 是 $P(A)$ 的一次执行。

证明：$\forall t, (\mathrm{tr}(\pi_\tau) \lceil t) \lceil A_c = (\mathrm{tr}(\pi) \lceil t) \lceil A_c$，在 $\mathrm{tr}(\pi_\tau) \lceil t$ 中 $(e_i == n_i)^{\mathrm{true}}$ 和 $x_i := \mathrm{ret}_i$ 之间的是方法 $\mathrm{op}_i(n_i)$ 的原子执行，而 $\mathrm{tr}(\pi) \lceil t$ 中 $(e_i == n_i)^{\mathrm{true}}$ 和 $x_i := \mathrm{ret}_i$ 之间的是并发数据结构方法 $\mathrm{op}_i(n_i)$ 的顺序执行，因此在 π 中 $x_i := Z.\mathrm{op}_i(e_i)$ 的调用在 π_τ 中被 $x_i := A.\mathrm{op}_i(e_i)$ 取代。

⑥证毕。

证明：由④⑤即可证得。

（2）对于 $P(Z)$ 任意的一个由客户端导致的发散或错误的执行 β，存在一个 $P(A)$ 的执行 β'，使得 β' 和 β 有相同的客户端路径。

证明：客户端路径的定义中仅考虑由客户端导致的发散或错误的执行。因此，对于 $P(Z)$ 的发散或错误的执行，仅需考虑客户端导致的发散或错误的执行。也就是说，其中 Z 的执行是有限的。证明的过程和上面的正常终止的执行的证明过程类似。

（3）证毕。

证明：根据（1）（2）和客户端路径的定义可得。

引理 3.3.2　假设并发数据结构 Z 相对它的规约 A 是强可线性化的，那么对于任意的客户端程序 P，任意的客户端初始状态 σ_c 和 Z 任意的良形状态 σ_z 都有：

$$\mathrm{MT}\left[\left[P(A)(\sigma_c, \mathrm{AF}(\sigma_z))\right]\right] \subseteq \mathrm{MT}\left[\left[P(Z)(\sigma_c, \sigma_z)\right]\right]$$

证明：

（1）A 的任意一次正常终止的执行 $\mu:(\sigma_{a0},H_a,\sigma_{an})$，存在一个 Z 的正常终止的顺序执行 $\mu':(\sigma_{z0},H_z,\sigma_{zn})$，使得 $\mathrm{AF}(\sigma_{z0})=\sigma_{a0}$，$\mathrm{AF}(\sigma_{zn})=\sigma_{an}$ 和 $H_a=H_z$。

① 设 $\mu=\sigma_{a0}\xrightarrow{\langle\mathrm{inv}(\mathrm{op}_1,n_1),\mathrm{ret}(v_1)\rangle}\sigma_{a1}\xrightarrow{\langle\mathrm{inv}(\mathrm{op}_2,n_2),\mathrm{ret}(v_2)\rangle}\sigma_{a2}\cdots\cdots\xrightarrow{\langle\mathrm{inv}(\mathrm{op}_n,n_n),\mathrm{ret}(v_n)\rangle}\sigma_{an}$ 那么存在 σ_{z0} 和 σ_{z1} 使得 $\sigma_{z0}\xrightarrow{\mathrm{inv}(\mathrm{RF}^{-1}(\mathrm{op}_1),n_1),\mathrm{ret}(v_1)}\sigma_{z1}$。

证：因为抽象函数 AF 是满射的，所以在 Z 中存在一个状态由 AF 映射到 σ_{a0}。令 σ_{z0} 满足这个条件，即 $\mathrm{AF}(\sigma_{z0})=\sigma_{a0}$。由强可线性化定义（定义 3.2.2）中的条件 1 可得，存在 σ_{z1} 使得 $\sigma_{z0}\xrightarrow{\mathrm{inv}(\mathrm{RF}^{-1}(\mathrm{op}_1),n_1),\mathrm{ret}(v_1)}\sigma_{z1}$ 和 $\mathrm{AF}(\sigma_{z1})=\sigma_{a1}$。

② 证毕。

证明：根据 ① 和强可线性化定义中的条件（1）可得，存在 $\sigma_{zi},i\in[1,\cdots,n]$，使得 $\mathrm{AF}(\sigma_{zi})=\sigma_{ai}$ 且 $\mu'=\sigma_{z0}\xrightarrow{\mathrm{inv}(\mathrm{RF}^{-1}(\mathrm{op}_1),n_1),\mathrm{ret}(v_1)}\sigma_{z1}\xrightarrow{\mathrm{inv}(\mathrm{RF}^{-1}(\mathrm{op}_2),n_2),\mathrm{ret}(v_2)}\sigma_{z2}\cdots\cdots\xrightarrow{\mathrm{inv}(\mathrm{RF}^{-1}(\mathrm{op}_n),n_n),\mathrm{ret}(v_n)}\sigma_{zn}$ 是可行的执行。显然，$H(\mu)=H(\mu')$。

（2）证毕。

证明：根据（1），通过类似于引理 3.3.1 的证明可得。

客户端路径的定义中包括由客户端导致的发散执行，因此由强可线性化蕴含观察等价可得到下面的推论。当客户分析程序是否发散时，这个推论同样可以使用规约模型代替并发数据结构的具体实现，从而简化推理。

推论 3.3.1 设 Z 相对于它的规约 A 在抽象函数 AF 映射下是强可线性化的，对于任意的客户端程序 P、任意的客户端初始状态 σ_c、任意 Z 的良形的初始状态 σ_z，如果 $P(A)$ 从 $(\sigma_c,\mathrm{AF}(\sigma_z))$ 初始状态开始的执行存在由客户端导致的发散执行，那么 $P(Z)$ 也存在客户端导致的发散执行。

本书假设客户端程序与并发数据结构不共享内存单元，客户端的最终状态可由客户端的路径从客户端的初始状态的执行得到。下面的推论揭示了强可线性化蕴含客户端最终状态等价。

推论 3.3.2　假设并发数据结构 Z 相对于它的抽象规约 A 在抽象函数 AF 映射下是强可线性化的，对于任意的客户端程序 P、任意的客户端初始状态 σ_c、任意 Z 的良形的初始状态 σ_z 都有：

$$\mathrm{MS}\Big[\big[P(Z)(\sigma_c,\sigma_z)\big]\Big]=\mathrm{MS}\Big[\big[P(A)(\sigma_c,\mathrm{AF}(\sigma_z))\big]\Big]$$

3.4　顺序规约下的强可线性化及其属性

3.4.1 并发数据结构的顺序规约

本节讨论一种特殊的并发数据结构规约，即并发数据结构的规约与并发数据结的实现有相同的状态空间，数据对快照、RDCSS 等并发数据结构的规约就属于这种情况。对于一个并发数据结构 Z，用 Ato_Z 表示一个和 Z 有相同状态空间的规约，称这个规约为 Z 的顺序规约，把和 Z 有不同状态空间的规约称为抽象模型规约。

定义 3.4.1（并发数据结构的顺序规约）　对于一个与 Z 有相同状态空间的规约模型 Ato_Z，用 Zstate 代表 Z 的良形的状态的集合，用 Zop 表示 Z 的方法的集合，Input 和 Output 分别为方法的参数和返回值集合，每个方法 zop $\in$ Zop 都是原子的，用一个偏函数 $zop:Zstate\times Input \xrightarrow{zop} Zstate\times Output$ 表示。

注意顺序规约中涉及并发数据结构的良形状态。例如，一个单链表是良形的状态，当且仅当单链表中没有环。并发数据结构的实现和其顺序规约有相同的状态空间，抽象函数直接将两者的状态对应起来，即对于任意良形的状态 σ_z，$\mathrm{AF}(\sigma_z)=\sigma_z$。根据强可线性化的定义，一个并发数据结构 Z 相对它的一个顺序规约 Ato_Z 是强可线性化的，要满足以下两个条件：

（1）$\forall \mathrm{op},\sigma_z,\sigma_{z'},\mathrm{in},\mathrm{ret},\ \mathrm{op}(\sigma_z,\mathrm{in})=(\sigma_{z'},\mathrm{ret})\Rightarrow(\sigma_z,\mathrm{in})\mathrm{op}(\sigma_{z'},\mathrm{ret})$。

（2）Z 相对于 Ato_Z 是可线性化的，且对于任意 Z 的正常终止的执行 $(\sigma_z,H_{con},\sigma_z')$，存在一个 Ato_Z 的合法的顺序执行 $(\sigma_z,H_{seq},\sigma_z')$，使得 $H_{con}\subseteq H_{seq}$。

3.4.2 松散模型下的观察等价

强可线性化蕴含观察等价，但要求客户端程序的内存空间和并发数据结构的内存空间完全隔离，客户端仅通过并发数据结构提供的方法访问数据结构。现在我们放开这个程序模型的限制，允许客户端程序和并发数据结构之间共享单元，并且客户端程序能够以兼容的原子读写的方式访问这些共享的内存空间。这些原子的读写操作是兼容的，当且仅当它们满足下面两个条件中的任意一个：

（1）这些原子的读写操作不和并发数据结构方法的执行交互。也就是说，每个原子的读写操作不会位于方法执行路径的中间，即写操作不会破坏并发数据结构的良形的状态。

（2）如果将这些读写操作封装成并发数据结构的方法，这些新的方法不会破坏并发数据结构的强可线性化。也就是说，加入这些新方法后，并发数据结构仍然是强可线性化的。

下面的定理表明在这个允许客户端程序以兼容的方式访问并发数据结构的程序模型下，强可线性化仍然能够给客户提供观察等价的保证。

定理 3.4.1 在一个允许客户端程序以兼容的方式访问并发数据结构的程序模型下，如果一个并发数据结构 Z 相对于它的顺序规约 Ato_Z 是强可线性化的，那么 Z 观察等价 Ato_Z 。

证明：对于任意程序 $P(Z)$，把 P 中满足条件 2 的对共享内存空间的原子读写封装成 Z 的方法，并发数据结构 Z' 是通过在 Z 中加入这些新的方法得到的。

客户端程序 P' 通过用这些新增的方法取代 P 中对应的原子读写操作而得到。程序 $P'(Z')$ 产生的执行记录有如下形式：

$$CH = (CH_1)^-(SH_1)^-(CH_2)^-(SH_2)\cdots$$

$$CH = (SH_1)^-(CH_1)^-(SH_2)^-(CH_2)\cdots$$

其中，对于每个 i，SH_i 表示由满足限制条件 1 的新增方法产生的顺序的执行记录，CH_i 表示由 Z 的老方法和满足限制条件 2 的新增方法产生的执行记录。对于每个 CH_i，存在一个 CH_i 的线性化 $CH_{i'}$，使得 CH_i 对应的并发执行和 $CH_{i'}$ 对应的顺序执行有相同的最终状态。因此 $SH = CH_{i'}SH_1\cdots$ 或 $SH = SH_1CH_{i'}\cdots$ 是 CH 的一个线性化，并且产生 CH 的并发执行和产生 SH 的顺序执行有相同的 Z 的最终状态。类似于引理 3.3.1、引理 3.3.2 的证明，$P'(Z')$ 和 $P'(Ato\_Z')$ 有相同的由客户端程序 P' 产生的路径。每一次 $P'(Z')$ 的执行对应着一次 $P(Z)$ 的执行，反之亦成立。每一次 $P(Ato_z)$ 的执行对应着一次 $P'(Ato_z)$ 的执行，反之亦成立。因此，$P(Z)$ 和 $P(Ato\_Z)$ 有相同的客户端路径。

3.4.3 顺序规约和抽象模型规约下的可线性化关系

一个并发数据结构可以是多个不同的抽象模型的实现，不同的抽象适合不同的应用。证明并发数据结构 Z 相对于一个抽象规约 A 的强可线性化是一项复杂和具有挑战性的工作。下面的定理表明，如果 Z 相对于它的顺序规约 Ato_Z 是强可线性化的，那么它的顺序规约 Ato_Z 可作为 Z 最大的一个原子抽象，即为证明 Z 相对于它的一个抽象规约 A 是强可线性化的，可化简到证明 Ato_Z 和 A 之间的属性。Ato_Z 和 A 中的方法是原子的，所以证明后者比证明前者容易得多。

因此，对于一个相对于它的顺序规约 Ato_Z 是强可线性化的并发数据结构 Z，这项挑战性的工作可以化简到验证 Ato_Z 和 A 之间的相关属性。

定理 3.4.2 如果 Z 相对于它的顺序规约 Ato_Z 是强可线性化的，那么对于一个抽象规约 A，如果 $\forall op \in Aop$，$\sigma_z, \sigma_a, \sigma_{a'}$, in, ret, $\mathrm{AF}(\sigma_z) = \sigma_a \wedge op(\sigma_a, in) = (\sigma_{a'}, ret) \Rightarrow \exists \sigma_{z'}$，$\mathrm{RF}^{-1}(op)(\sigma_z, in) = (\sigma_{z'}, ret) \wedge \mathrm{AF}(\sigma_{z'}) = \sigma_{a'}$ 且 $\forall op \in Zop, \sigma_z, in, (\sigma_z, in) \in dom(op) \Rightarrow (\mathrm{AF}(\sigma_z), in) \in dom(\mathrm{RF}(op))$，那么 Z 相对于 A 在抽象函数 AF 映射下是强可线性化的。

证明：

（1）对于 Z 的任意一个正常终止的并发执行 $\pi_z : (\sigma_z, H, \sigma_{z'})$，存在 A 的一个终止的执行 $\pi_a : (\sigma_a, H_a, \sigma_{a'})$，使得 $H \subseteq H_a$、$\mathrm{AF}(\sigma_z) = \sigma_a$ 和 $\mathrm{AF}(\sigma_{z'}) = \sigma_{a'}$。

①对于 Z 的任意一个顺序且终止的执行 $\mu : (\sigma_{z0}, H_z, \sigma_{zn})$，存在 A 的一个顺序且终止的执行 $\mu' : (\sigma_{a0}, H_a, \sigma_{an})$，使得 $\mathrm{AF}(\sigma_{z0}) = \sigma_{a0}$、$\mathrm{AF}(\sigma_{zn}) = \sigma_{an}$ 和 $H_a = H_z$。

证明：$\mu = \sigma_{z0} \xrightarrow{inv(op_1, n_1), ret(v_1)} \sigma_{z1} \xrightarrow{inv(op_2, n_2), ret(v_2)} \sigma_{z2}, \cdots, \xrightarrow{inv(op_n, n_n), ret(v_n)} \sigma_{zn}$。

令 $\sigma_{a0} = \mathrm{AF}(\sigma_{z0})$，根据定理 3.4.2 给出的条件，可得 $(\sigma_{a0}, n_1) \in dom(\mathrm{RF}(op))$。因此存在 $\sigma_{a1}, v_{1'}$ 使得 $(\sigma_{a0}) \xrightarrow{inv(\mathrm{RF}(op_1), n_1), ret(v_{1'})} (\sigma_{a1})$。因为 Z 是 A 的一个顺序实现，所以 $v_{1'} = v_1$ 和 $\mathrm{AF}(\sigma_{z1}) = \sigma_{a1}$。综上可得 $\sigma_{a0} \xrightarrow{inv(\mathrm{RF}(op_1), n_1), ret(v_1)} \sigma_{a1}$。通过类似的推理，可得存在 $\sigma_{a(i+1)}$ 使得 $\sigma_{ai} \xrightarrow{inv(\mathrm{RF}(op_{(i+1)}), n_{(i+1)}), ret(v_{(i+1)})} \sigma_{a(i+1)}$，其中对于每一个 $i = 1, \cdots, n-1$，$\mathrm{AF}(\sigma_{z(i+1)}) = \sigma_{a(i+1)}$。因此，存在 A 的执行 $\mu' = \sigma_{a0} \xrightarrow{\langle inv(\mathrm{RF}(op_1), n_1), ret(v_1) \rangle} \sigma_{a1} \xrightarrow{\langle inv(\mathrm{RF}(op_2), n_2), ret(v_2) \rangle} \sigma_{a2} \cdots \xrightarrow{\langle inv(\mathrm{RF}(op_n), n_n), ret(v_n) \rangle} \sigma_{an}$，其

中对于每一个 $i = 0, \cdots, n$ ， $\mathrm{AF}(\sigma_{zi}) = \sigma_{ai}$ 。

②对于 Z 任意并发且终止的执行 $\pi_z : (\sigma_z, H, \sigma_{z'})$ ，存在 Z 顺序且终止的执行 $\pi_{z'} : (\sigma_z, H', \sigma_{z'})$ 使得 $H' \subseteq H$ 。

证明：根据 Z 是可严格线性化的可得。

③证毕。

证明：根据①，对于 Z 顺序且终止的执行 $\pi_{z'} : (\sigma_z, H', \sigma_{z'})$ ，存在 A 顺序且终止的执行 $\pi_a : (\sigma_a, H_a, \sigma_{a'})$ ，使得 $\mathrm{AF}(\sigma_z) = \sigma_a$ 、 $\mathrm{AF}(\sigma_{z'}) = \sigma_{a'}$ 和 $H_a = H'$ 。根据 $H_a = H'$ 和 $H \subseteq H'$ ，可得 $H \subseteq H_a$ 。因此，对于 Z 任意并发且终止的执行 $\pi_z : (\sigma_z, H, \sigma_{z'})$ ，存在 A 顺序且终止的执行 $\pi_a : (\sigma_a, H_a, \sigma_{a'})$ ，使得 $H \subseteq H_a$ ， $\mathrm{AF}(\sigma_z) = \sigma_a$ 和 $\mathrm{AF}(\sigma_{z'}) = \sigma_{a'}$ 。

（2）Z 相对于它的规则 A 在抽象函数 AF 映射下是可线性化的。

①对于 Z 从任意良形的状态 σ_z 开始的任意执行 φ ，存在 Z 的顺序且终止的执行 φ' 和一个事件记录 $h_c \in \mathrm{Compl}(H(\varphi))$ 使得 $h_c \subseteq H(\varphi')$ 。

证明：根据 Z 是可严格线性化的可得。

②存在 A 的顺序且终止的执行 φ'' 使得 $H(\varphi'') = H(\varphi')$ 。

证明：根据（1）中的①可得。

③证毕。

证明：根据（2）中的①和②，对于 Z 从任意良形的状态 σ_z 开始的任意执行 φ ，存在 A 顺序且终止的执行 φ'' 和一个事件记录 $h_c \in \mathrm{Compl}(H(\varphi))$ 使得 $h_c \subseteq H(\varphi'')$ 。

（3）证毕。

证明：根据（1）和（2）可得。

3.4.4 通过抽象模型规约确立顺序规约

假设并发数结构 Z，令 Ato_Z 为 Z 的顺序规约，使得 $\forall \text{op}$, σ_z, $\sigma_{z'}$, in, ret, $(\sigma_z,\text{in})\text{op}(\sigma_{z'},\text{ret}) \Rightarrow \text{op}(\sigma_z,\text{in}) = (\sigma_z',\text{ret})$。下面的定理揭示了抽象模型规约确立顺序规约的条件。

定理 3.4.3 如果一个并发数结构 Z 相对于它的原子规约 A 在抽象函数 AF 映射下是强可线性化的，且 AF 是双射函数，那么 Z 相对于它的顺序规约 Ato_Z 是强可线性化的。

证明：

（1）对于 Z 任意终止的执行 $(\sigma_z, H_z, \sigma_z')$，存在 Z 顺序且终止的执行 $(\sigma_z, H_{z'}, \sigma_z')$，使得 $H_z \subseteq H_{z'}$。

①对于 A 任意终止的执行 $\mu : (\sigma_{a0}, H_a, \sigma_{an})$，存在 Z 顺序且终止的执行 $\mu' : (\sigma_{z0}, H_z, \sigma_{zn})$，使得 $AF(\sigma_{z0}) = \sigma_{a0}$、$AF(\sigma_{zn}) = \sigma_{an}$ 和 $H_a = H_z$。

a. 假设 $\mu = \sigma_{a0} \xrightarrow{\langle \text{inv}(\text{op}_1,n_1),\text{ret}(v_1) \rangle} \sigma_{a1} \xrightarrow{\langle \text{inv}(\text{op}_2,n_2),\text{ret}(v_2) \rangle} \sigma_{a2}, \cdots, \xrightarrow{\langle \text{inv}(\text{op}_n,n_n),\text{ret}(v_n) \rangle} \sigma_{an}$，存在 σ_{z0} 和 σ_{z1} 且使得 $\sigma_{z0} \xrightarrow{\text{inv}(RF^{-1}(\text{op}_1),n_1),\text{ret}(v_1)} \sigma_{z1}$。

证明：因为抽象函数 AF 是双射的，所以存在 Z 的一个状态由 AF 映射到 σ_{a0}。令 $AF(\sigma_{z0}) = \sigma_{a0}$。根据强可线性化定义中的条件 I，可得存在 Z 的状态 σ_{z1} 使得 $\sigma_{z0} \xrightarrow{\text{inv}(RF^{-1}(\text{op}_1),n_1),\text{ret}(v_1)} \sigma_{z1}$ 和 $AF(\sigma_{z1}) = \sigma_{a1}$。

b. 证毕。

证明：根据 a 和强可线性化定义中的条件（I），存在 σ_{zi}, $i \in [1, \ldots, n]$，使得 $AF(\sigma_{zi}) = \sigma_{ai}$ 且 $\mu' = \sigma_{z0} \xrightarrow{\text{inv}(RF^{-1}(\text{op}_1),n_1),\text{ret}(v_1)} \sigma_{z1} \xrightarrow{\text{inv}(RF^{-1}(\text{op}_2),n_2),\text{ret}(v_2)} \sigma_{z2} \cdots \xrightarrow{\text{inv}(RF^{-1}(\text{op}_n),n_n),\text{ret}(v_n)} \sigma_{zn}$ 是 A 一个可行的执行。显然，$H(\mu) = H(\mu')$。

②对于 Z 任意并发且终止的执行 $(\sigma_z, H_z, \sigma_z')$，存在 A 的顺序且终止的执行 $(\sigma_a, H_a, \sigma_a')$，使得 $AF(\sigma_z) = \sigma_a$、$AF(\sigma_z') = \sigma_a'$ 和 $H_z \sqsubseteq H_a$。

证：根据强可线性化定义中的条件（2）可得。

③证毕。

证：根据①，对于 A 的执行 (σ_a,H_a,σ_a')，存在 Z 的顺序执行 $(\sigma_{zx},H_{z'},\sigma_{zy})$，使得 $\mathrm{AF}(\sigma_{zx})=\sigma_{a0}$，$\mathrm{AF}(\sigma_{zy})=\sigma_{an}$ 和 $H_a=H_{z'}$。因为抽象函数 AF 是双射函数，所以 $\sigma_{zx}=\sigma_z$，$\sigma_{zy}=\sigma_z'$。因为 $H_{z'}=H_a$ 和 $H_z\subseteq H_a$，所以 $H_z\subseteq H_{z'}$。因此，对于 Z 的这个执行 (σ_z,H_z,σ_z')，存在 Z 的顺序执行 $(\sigma_z,H_{z'},\sigma_z')$，使得 $H_z\subseteq H_{z'}$。

（2）对于每一个 Z 从任意良形的状态 σ_z 开始的执行 π，存在一个 Z 的从 σ_z 开始的合法的顺序执行 π' 和一条执行记录 $h_c\in\mathrm{Compl}\big(H(\pi)\big)$，使得 $h_c\subseteq H(\pi')$。

①对于 Z 从任意良形的状态 σ_z 开始的执行 π，存在 A 的从 $\mathrm{AF}(\sigma_z)$ 开始的执行 π' 和一条执行记录 $h_c\in\mathrm{Compl}\big(H(\pi)\big)$ 使得 $h_c\sqsubseteq H(\pi')$。

证：根据强可线性化定义中的条件②可得。

②对于 A 的任意终止执行 $\mu:(\sigma_{a0},H_a,\sigma_{an})$，存在 Z 顺序且终止的执行 $\mu':(\sigma_{z0},H_z,\sigma_{zn})$，使得 $\mathrm{AF}(\sigma_{z0})=\sigma_{a0}$、$\mathrm{AF}(\sigma_{zn})=\sigma_{an}$ 和 $H_a=H_z$。

证明：在（1）中的①中已证。

③证毕。

证明：根据（2）中的①和②可得。

（3）证毕。

证明：根据（1）（2）和开始处顺序规约 Ato_Z 可得。

如果把定理 3.4.3 的要求 AF 是双射函数的条件去掉，通过类似的证明过程可得到 Z 相对于它的顺序规约 Ato_Z 是可线性化的，但不能保证是强可线性化的。如果一个并发数结构 Z 相对于它的规约 A 在抽象函数 AF 映射下是强可线性化的，那么 Z 相对于它的顺序规约 Ato_Z 是可线性化的。

3.5　本章小结

首先，本章通过两个研究动机的例子分析了可线性化的局限性，为克服这些局限性，定义了强可线性化，并证明了强可线性化蕴含观察等价。其次，本章研究了强可线性化的一种特例，即并发数据结构的实现和规约有相同的状态空间（称这个规约为顺序规约的强可线性化）。对于这种特殊的强可线性化，证明了即使在一个松散的程序模型下，强可线性化也蕴含观察等价。最后，本章研究了并发数据结构在顺序规约和更抽象模型规约下的强可线性化联系。直观地讲，顺序规约可视为并发数据结构最大化的原子抽象，即要证明一个并发数据结构相对一个更抽象的模型规约是可线性化的，可证明顺序规约和这个抽象模型的相关联系。与可线性化标准相比，强可线性化的一个缺陷是限制了并发数据结构更多的并行性。不同的应用场景，客户对并发数据结构正确性有不同的要求。当客户需要观察等价的保证时，可选择强可线性化标准设计和实现并发数据结构；当客户仅需要观察精化的保证时，可选择可线性化标准设计和实现并发数据结构。

第4章 基于抽象约简的可线性化验证方法

本章提出了基于抽象约简的可线性化验证方法，并应用该方法验证了 Treiber 栈、MS 无锁队列、数据对快照、基于惰性链表的集合、基于乐观锁的集合、HSY 栈等经典的并发数据结构。

4.1 Lipton 约简理论

Lipton 约简 (Lipton reduction) 由 Lipton 提出，并由 Lamport、Cohen、Schneider、Back、Bouajjani 等人进一步发展完善，是验证并发程序原子属性的一项重要技术。本节主要介绍 Lipton 约简的相关概念。

4.1.1 原子操作的交换性

Lipton 约简引入交换性来证明并发程序的原子属性，即两个可以交换的原子操作在任何一次相邻的执行中，交换执行次序而不会改变最终状态，形式化的定义如下。

定义 4.1.1（原子操作的交换性） 一个原子操作 a 可向右与原子操作 b（向左）交换，当且仅当如果对所有的状态 σ、s、σ' 满足 $\sigma \overset{a}{\to} s \overset{b}{\to} \sigma'$，那么存在状态 t，使得 $\sigma \overset{b}{\to} t \overset{a}{\to} \sigma'$。

定义 4.1.2（可向左交换的原子操作） 在一个并发系统中，原子操作 a 是一个可向左交换的原子操作（leftmover）（简称向左交换者），当且仅当在任何一次执行中，如果 a 前面是一个由不同线程执行的原子操作 b，那么 a 可向左与 b 交换。

定义 4.1.3（可向右交换的原子操作） 在一个并发系统中，原子操作 a 是一个可向右交换的原子操作（rightmover）（简称向右交换者），当且仅当在任何一次执行中，如果 a 后面立即是一个由不同线程执行的原子操作 b，那么 a 可向右与 b 交换。

定义 4.1.4（双向交换者） 在一个并发系统中，原子操作 a 是双向交换者（bothmover），当且仅当它既是向左交换者也是向右交换者。

定义 4.1.5（非交换者） 在一个并发系统中，原子操作 a 是非交换者（non-mover），当且仅当它既不是向左交换者也不是向右交换者。

本章 4.1.3 节将介绍常用的交换属性，即根据原子操作的相关性质描述它们属于哪种交换者，如线程的本地操作就是双向交换者。如果一个线程的原子操作 a 是向右 / 左交换者，那么在任何一次执行中，它能向右 / 左移动到这个线程的下 / 前一个原子（如果有）操作旁，如下面的执行：

$$\sigma_1 \xrightarrow{a} \sigma_2 \xrightarrow{e_1} \sigma_3 \xrightarrow{e_2} \sigma_4 \xrightarrow{b} \sigma_5$$

其中，a 和 b 为同一个线程的原子操作，e_1 和 e_2 是其他线程的原子操作，并且 a 是向右交换者。根据向右交换者的定义，a 可向右与 e_1 交换。通过交换 a 和 e_1 的执行次序，可得到下面的执行：

$$\sigma_1 \xrightarrow{e_1} \sigma_{2'} \xrightarrow{a} \sigma_3 \xrightarrow{} \sigma_4 \xrightarrow{} \sigma_5$$

显然，它仍然是一个可行的执行。同样，a 可向右与 e_2 交换。通过交换 a 和 e_2 的执行次序，可得到下面的执行：

$$\sigma_1 \xrightarrow{e_1} \sigma_{2'} \xrightarrow{e_2} \sigma_{3'} \xrightarrow{a} \sigma_4 \xrightarrow{b} \sigma_5$$

4.1.2 可约简的路径

一条路径是可约简的，当且仅当它满足样式 $R^*A^?L^*$。其中，R^* 代表任意个向右交换者，$A^?$ 代表 0 个或 1 个非交换者，L^* 代表任意个向左交换者。在产生一条可约简的路径的并发执行中，可以通过原子操作的交换操作转换这个并发执行，使得在转换后的执行中，这条可约简的路径中的原子操作被连续执行。因此，一条可约简的路径可视为一个原子块。

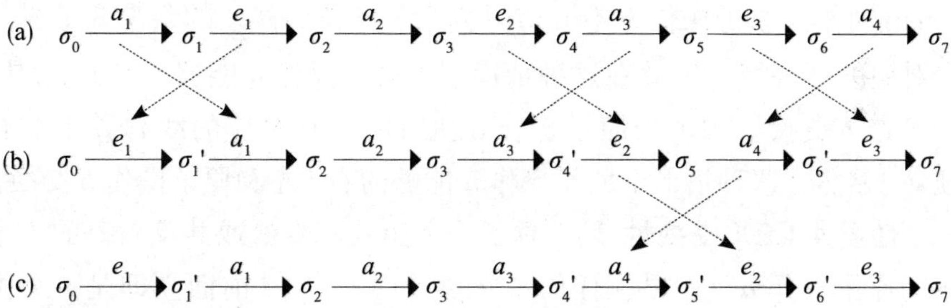

图 4-1　可约简的路径

例如，设 (a_1,a_2,a_3,a_4) 是一条可约简的路径，其中 a_1 是向右交换者，a_2 是非交换者，a_3 和 a_4 是向左交换者。图 4-1 展示了通过原子操作的交换操作，这条可约简的路径中的原子操作可转换成连续的执行。其中 e_1、e_2、e_3 代表其他线程的原子操作，a_1 向右交换移动到 a_2 的左边，a_3 和 a_4 向左交换移动到 a_2 的右边。

4.1.3 常用的交换属性

下面描述的是一些常用的交换属性。

性质 4.1.1（交换性 1）　如果一个原子操作仅访问（包含读和写）线程的局部变量，则称它为线程的局部操作（本地操作）。线程的局部操作都是双向交换者。

证明：一个线程的局部原子操作因为不会访问共享变量，所以可以和其他线程的任何原子操作交换。

性质 4.1.2（交换性 2） 对于一个修改共享变量或共享对象的一个域的原子操作 a，如果在任何一次执行中，a 后 / 前面立即是一个由不同线程执行的原子操作，且这个原子操作并不访问这个变量或这个共享对象的域，那么 a 是向右 / 左交换者。

证明：设 a 后 / 前面立即是一个由不同线程执行的原子操作 b，令 $acq(v)$ / $rel(v)$ 表示成功的获取 / 释放锁 v 的原子操作。考虑下面的两种情况：（1）当原子操作 a 执行时，它对应的线程拥有锁 v。因为原子操作 b 能够在 a 动作之后 / 前执行，所以 b 动作不是 $acq(v)$ 或者 $rel(v)$ 动作。原子操作 b 不会访问被原子操作 a 修改的共享变量或共享对象的一个域，因此在这种情形下，原子操作 a 能够向右 / 左和原子操作 b 交换。（2）当原子操作 a 执行时，它对应的线程并不拥有锁 v。显然，这种情形下原子操作 a 能够向右 / 左和原子操作 b 交换。

性质 4.1.3（交换性 3） 对于一个读共享变量或共享对象的一个域的原子操作 a，如果在任何一次执行中，a 后 / 前面立即是一个由不同线程执行的原子操作，且这个原子操作并不修改这个变量或这个共享对象的域，那么 a 是向右 / 左交换者。

证明：对于一个读的原子操作，总是可以和其他线程的任何读原子操作交换。

性质 4.1.4（交换性 4） 一个成功获取锁的原子操作 $acq(v)$ 是向右交换者；一个成功释放锁的原子操作 $rel(v)$ 是向左交换者。

证明：因为对于一个成功获取锁的原子操作 $acq(v)$，紧跟在它后面的其他线程的原子操作不可能是 $acq(v)$ 或者 $rel(v)$ 动作，所以 $acq(v)$ 是向右交换者。同样可得 $rel(v)$ 是向左交换者。

cas（compare-and-swap）原子指令包含 3 个参数，即 cas $(*p, exp, new\_v)$，其中，$*p$ 表示要更新的内存地址，exp 表示要进行比较的值，new_v 表示待写入 p 中的值。当 $*p$ 的值等于 exp 时，cas 指令原子将 $*p$ 的值设为 new_v；当 $*p$ 的值不等于 exp 时，cas 指令不执行任何操作。无论哪种情况，cas 指令都会返回先前 $*p$ 的值。

cas 指令是一种乐观的并发机制。假设在大多数情况下能够成功更新 $*p$，基于 cas 指令的算法经常会受到 ABA 问题的影响。直观地讲，ABA 问题是指当 $*p$ 的值经历由 A 到 B，再由 B 到 A 的变化时，cas 指令察觉不到这种变化，而有时这种变化会破坏算法的正确性。

本书假设基于 cas 指令的算法不会受到 ABA 问题的影响，即对于 cas($*p$,exp, new_v) 指令，如果 $*p$ 的值在某一段时间没有变化，是指在这段时间内没有执行在 $*p$ 上的写操作。实践中，通常通过在 cas 指令上增加计数器实现。

性质 4.1.5（交换性 5）　一个典型的使用 cas 指令的样式是

$$\cdots;\text{exp}:=*p;\cdots;\text{cas}(*p,\text{exp},\text{new}\_v);\cdots$$

一个线程首先从 $*p$ 中读取其中的值 exp，然后使用 cas($*p$,exp,new_v) 指令尝试将 $*p$ 的值从 exp 修改到新的值 new_v。对于一个成功的 cas($*p$,exp,new_v) 指令，和它匹配的读 exp:=$*p$ 是一个向右交换者。

证：依据上面的假设，如果 cas 指令成功的把 $*p$ 的值从 exp 修改到新的值 new_v，那么从匹配的读到 cas 指令执行期间，$*p$ 没有被其他的线程修改。根据交换性 3 可得，exp:=$*p$ 是向右交换者。

4.2 基于单路径的抽象约简

4.2.1 基于单路径的抽象约简方法

对于并发数据结构 Z 中方法 op 的一条路径 U，使用 $(\sigma_z, \text{in})U(\sigma_z', \text{ret})$ 表示从初始状态 σ_z 和实参 in（也就是方法本地初始状态是将实参赋值给方法的形参）开始的一个正常终止的顺序执行，σ_z' 为该执行 Z 的终止状态，ret 为方法的返回值。

假设并发数据结构 Z、它对应的规约 A 和两者的抽象函数 AF，并发数据结构 Z 中方法 op 的一条路径 U 在抽象函数 AF 映射下满足规约 A 的语义，当且仅当对于任意良形的状态 σ_z 和实参 in 有：

$$(\sigma_z, \text{in})U(\sigma_z', \text{ret}) \Rightarrow \text{RF(op)}(\text{AF}(\sigma_z), \text{in}) = (\text{AF}(\sigma_z'), \text{ret})$$

Z 方法中的一个原子操作 a 在抽象函数 AF 映射下不干涉 A 的状态，当且仅当对任意良形的状态 σ_z 和方法的本地状态 l 满足以下条件：

$$(\sigma_z, l) \xrightarrow{a} (\sigma_z', l') \Rightarrow \text{AF}(\sigma_z) = \text{AF}(\sigma_z')$$

定义 4.2.1（基于单路径的抽象约简） 假设并发数据结构 Z、它对应的规约 A 和两者的抽象函数 AF。Z 方法中的一条路径 U 相对于规约 A 在抽象函数 AF 映射下是可抽象约简的，当且仅当存在 U 的一个子段 U'，使得：

（1）U' 是可约简的，即满足样式 $R^* A^? L^*$。

（2）U' 在抽象函数 AF 映射下满足规约 A 的语义。

（3）$U - U'$ 中的原子操作在抽象函数 AF 映射下不干涉规约 A 的状态，也不修改方法的形式化参数。

在上面的定义中，称满足条件的子段 U' 为方法的基本路径。

定理 4.2.1（基于单路径抽象约简的合理性） 如果并发数据结构 Z 的每一个方法中的每一条路径相对规约 A 在抽象函数 AF 映射下都是可抽象约简的，那么 Z 的每一条完整的执行记录都是可线性化的。

这个定理将在本章 4.4 节中加以证明。

本书在验证并发数据结构的可线性化时，仅考虑并发数据结构完整的执行记录。Henzinger 等人提出纯阻塞（purely-blocking）进展性的概念，并证明了对于纯阻塞的并发数据结构，只要它所有完整的执行记录是可线性化的，那么这个并发数据结构就是可线性化的。直观地讲，纯阻塞性要求在任何可达的状态下，一个未完成的方法要么单独执行时可以完成，要么不修改并发数据结构的共享状态。纯阻塞进展性是一个弱的进展属性，它比无锁性（lock-free）、无阻碍性（obstruction-free）、无等待性（wait-free）、无死锁性（deadlock-free）等进展性都弱。Henzinger 等人证明了 HW 队列是纯阻塞性的。本书验证的并发数据结构也都是纯阻塞性的。

4.2.2 纯代码段转换

在并发环境中，由于线程之间的干涉，一个方法的执行可能产生一些无实际影响的执行段。如由于其他线程的干涉，一个执行失败的 cas 指令。本节将纯代码块（purecode）的概念扩展到方法的路径中。

定义 4.2.2（纯代码段） 一个方法执行路径中的一段是纯代码块，当且仅当它满足下列条件：

（1）这一段不包含操作的返回动作。

（2）这一段中的原子操作不修改共享变量。

（3）如果一个方法本地的变量 v 被这一段的原子操作修改，要么这个变量 v 在路径中的这个子段后不再使用，要么这个子段后的第一个访问 v 的原子操作是一个写操作且写入的值并不依赖当前 v 的值。

对于方法中的一条路径 P，如果 P' 能够通过删除 P 中的纯代码段获得，则称它是 P 的一个纯化，把这种转换称为纯化转换。在验证可线性化时，可以删除纯代码段。

性质 4.2.1 设在一个并发数据结构的执行 π 中，一个方法 op 的路径 P 含有一个纯代码段，通过下列步骤删除纯代码段及相关配置后得到执行 π'：

（1）在执行 π 中，删除 P 中的纯代码的原子操作以及它们的后置状态。

（2）对于被纯代码段修改且该段后不再使用的本地变量 v，在该段后的第一个原子操作的前置状态配置中，把 v 的值恢复到段前的值。π' 是可执行的，且如果 L 是 $H(\pi')$ 的一个线性化，那么 L 也是 $H(\pi)$ 的一个线性化。

证明：纯代码段中的原子操作不会修改并发数据结构的共享状态，因此删除这些原子操作不会影响其他线程的执行。被纯代码段修改的本地变量，段后该变量不再使用或者段后使用该变量也不依赖其先前的值，因此删除纯代码段后，方法 op 的路径仍然是可执行的。所以经过上述转换，该执行段依然是一个可行的执行。显然 π' 不会改变 π 中方法的参数和返回值，π' 也不会违反 π 中方法的先于偏序关系。由 $H(\pi)=H(\pi')$ 可得 $H(\pi')\subseteq L \Rightarrow H(\pi)\subseteq L$。

4.2.3 验证 Treiber 栈

Treiber 栈是一个使用 cas 指令实现的无锁并发栈，它的代码如图 4-2 所示。

```
class node{                          L₅    if(cas(&S, x, new_n))
int value;                           L₆      return; }
node next;}                          L₇  }
class Stack {                        int pop() {
node S;                              local t, x;
void push(int v);                    T₀  while (true) {
int pop(); }                         T₁    x := S;
void push(int v) {                   T₂    if(x=null)
local new_n, x;                      T₃      return empty;
L₁  new_n:=cons(v,nil);              T₄    t:=x.next;
L₂  while (true) {                    T₅    if(cas(&S, x, t))
L₃    x := S;                         T₆      return x.value; }
L₄    new_n.next:=x;                  T₇  }
```

图 4-2　Treiber 栈的代码

  Treiber 栈由一个单链表实现，其中栈顶指针 S 指向链表中的第一个元素（如果链表不为空）。入栈操作 push 首先生成一个新的节点，并将这个新节点的 next 域指向当前的栈顶元素，然后使用 cas 指令尝试将栈顶指针 S 指向这个新的节点。如果在 L_3 至 L_5 运行期间栈顶元素没有发生变化，那么 L_5 处 cas 指令就成功地完成操作，入栈操作返回；否则 cas 指令失败，入栈操作进入下一轮迭代，再次尝试更新 S，直至成功更新 S。出栈操作 pop 首先读取当前的栈顶元素，如果发现栈为空，也就是发现栈顶指针 S 的值为 null，则返回 empty；否则读取栈顶元素的下一个节点，然后使用 cas 指令尝试将栈顶指针 S 指向这个节点。处理的过程与入栈操作类似。

4.2.3.1 栈的模型规约及抽象函数

栈的模型规约定义如下：

$$push(seq, x) = (x^{\tilde{}}seq, \varepsilon)$$

$$\text{pop(seq)} = \begin{cases} (\text{Tail(seq)}, \text{First(seq)}) & \text{seq} \neq \text{empty} \\ (\text{seq}, \text{EMPTY}) & \text{seq} = \text{empty} \end{cases}$$

其中，栈的模型为一个序列 seq，ε 表示方法没有返回值。Treiber 栈映射的抽象值是单链表中从头节点起到尾节点的数据域构成的序列，抽象函数形式化定义如下：

$$\text{AF(Stack)} = \begin{cases} (\,), & \text{Stack.S} = \text{null} \\ \text{Stack.S.value}^\frown \text{AF(Stack')}, & \text{Stack.S} \neq \text{null} \end{cases}$$

其中，$\text{Stack'.S} = \text{Stack.S.next}$ 。

4.2.3.2 执行路径及纯化转换

在执行路径中，布尔表达式末尾添加"＋"或"－"表示表达式的值为真 / 假，cas 原语指令末尾添加"＋"或"－"表示 cas 指令操作成功 / 失败。入栈操作 push 的执行路径可以用如下正则表达式表示：

$$\text{push} = (L_1)^\frown (L_3, L_4, L_5^-)^{*\frown} (L_3, L_4, L_5^+)$$

其中，子路径 $(L_3, L_4, L_5^-)^*$ 是失败地改变栈顶元素的迭代，这些路径的原子操作不改变数据结构的共享状态，改变的局部变量在之后的运行中不依赖当前的值，因此，它们是纯代码段。通过删除这些纯代码段，可得到如下入栈操作执行路径的表达式：

$$\text{push'} = (L_1)^\frown (L_3, L_4, L_5^+)$$

出栈操作 pop 的执行路径可以用如下正则表达式表示：

$$\text{pop} = (T_1, T_2^-, T_4, T_5^-)^{*\frown} ((T_1, T_2^+, T_3) \,|\, (T_1, T_2^-, T_4, T_5^+, T_6))$$

其中，$(T_1, T_2^-, T_4, T_5^-)^*$ 是失败地改变栈顶元素的迭代（cas 指令尝试将栈顶指针 S 指向它的下一个节点，但失败了），它们是纯代码段。

通过删除这些纯代码段，得到如下出栈操作执行路径的正则表达式：

$$\text{pop'} = \left(T_1, T_2^+, T_3\right) | \left(T_1, T_2^-, T_4, T_5^+, T_6\right)$$

分离表达式 pop'，得到如下两条出栈操作的路径：

$$\text{pop}_{1'} = \left(T_1, T_2^+, T_3\right)$$

$$\text{pop}_{2'} = \left(T_1, T_2^-, T_4, T_5^+, T_6\right)$$

其中， $\text{pop}_{1'}$ 是出栈操作返回 empty 的执行路径， $\text{pop}_{2'}$ 是出栈操作返回一个正常值的执行路径。

4.2.3.3 证明路径的约简性

下面首先证明入队操作和出队操作的每条路径是可约简的，然后证明每条路径都满足抽象语义。

引理 4.2.1　路径 push' 是可约简的。

证明：在 push' 路径中， L_1 和 L_4 是本地的原子操作，根据交换性 1，它们是双向交换者。根据交换性 5 和 L_5^+ 是一个成功的 cas 指令可得 L_3 是向右交换者。在 push' 路径中， L_5^+ 左边的原子操作要么是双向交换者，要么是向右交换者，因此，push' 路径是可约简的路径。

引理 4.2.2　pop' 中的路径 $\text{pop}_{1'}$ 和 $\text{pop}_{2'}$ 是可约简的。

证明：在 $\text{pop}_{1'}$ 的路径 $\left(T_1, T_2^+, T_3\right)$ 中， T_2^+ 和 T_3 是本地的原子操作，根据交换性 1，它们是双向交换者。由于 T_1 是非交换者，因此该路径是可约简的路径。

在 $\text{pop}_{2'}$ 的路径 $\left(T_1, T_2^-, T_4, T_5^+, T_6\right)$ 中， T_6 是本地的原子操作，根据交换性 1，它们是双向交换者。根据交换性 5 和 T_5^+ 是一个成功的 cas 指令可得 T_1 是向右交换者。根据 T_1 和 T_5^+ 可得 S 在两者运行期间没有被别的线程修改；根据交换性 3 可得 T_4 和 T_2^- 是双向交换者， T_5^+ 是非交换者。 T_5^+ 左边的原子操作都是向右交换者，右边的原子操作都是向左交换者，因此这个路径是可约简的。

4.2.3.4 证明路径满足抽象语义

定义一个谓词 $lseg(S, A, null)$，用来表示一个良形的状态的单链表，其中 S 为栈顶指针，A 为节点值域构成的序列。

$$lseg(S, A, null) = (S = null \land A = ()), \lor (S \neq null \land \exists v, M, B, S$$
$$\mapsto node(v, M) \land lseg(M, B, null) \land A = v)^- B)$$

下面证明这些可约简的路径满足栈的模型规约。

（1）$push' = (new\_n := cons(v, null); x := S$

$new\_n.next := x; (cas(\&S, x, new\_n))^+)$，下面证明路径 push' 满足栈的模型规约。

{lseg(S,A,null)}

new_n:=cons(v,null);

$\{lseg(S, A, null) * new\_n \mapsto node(v, null)\}$

x:=S;

new_n.next:=x;

$\{lseg(S, A, null) * new\_n \mapsto node(v, S)\}$

$\{lseg(new\_n, (v)^- A, null)\}$

$(cas(\&S, x, new\_n))^+$

$\{lseg(S, (v)^- A, null)\}$

（2）$pop_{1'} = (x := S, (x = null)^+, return\ empty)$，下面证明路径 $pop_{1'}$ 满足栈的模型规约。

$(S = null \land A = empty) \lor (S \neq null \land \exists v, M, B,\ S \mapsto node(v, M) \land$

$lseg(M, B, null) \land A = (v) \land B)\}$

x:=S;

$$(x = \text{null})^-$$

$$\{S = \text{null} \wedge A = \text{empty}\}$$

return empty;

$$\{S = \text{null} \wedge A = \text{empty}\}$$

（3）$\text{pop}_{2'} = (x := S; (x = \text{null})^-; \ t := x.\text{next}; (\text{cas}(\&S, x, t))^+;$
return $x.\text{value};$ ）下面证明路径 $\text{pop}_{2'}$ 满足栈的模型规约。

$$(S = \text{null} \wedge A = \text{empty}) \vee (S \neq \text{null} \wedge \exists v, M, B, \ S \mapsto \text{node}(v, M) \wedge$$

$$\text{lseg}(M, B, \text{null}) \wedge A = (v) \wedge B)\}$$

x:=S;

$$(x = \text{null})^-$$

$$\left\{ \left(S \neq \text{null} \wedge \exists v, B, \ S \mapsto \text{node}(v, M) \wedge \text{lseg}(M, B, \text{null}) \wedge A = (v)^- B \right) \right\}$$

t:=x.next;

$$\{(S = x) \mapsto \text{node}(v, t) * \text{lseg}(t, B, \text{null})\}$$

$$(\text{cas}(\&S, x, t))^+$$

$$\{x \mapsto \text{node}(v, t) * \text{lseg}(S, B, \text{null})\}$$

return $x.\text{value};$

$$\{x \mapsto \text{node}(v, t) * \text{lseg}(S, B, \text{null})\}$$

因为路径中没有循环语句和分支语句，总的来说，要证明一条路径满足规约并不是一件困难的事情，本章以后小节的可线性化证明重点将放在证明路径是可约简的，而不再出示这种顺序证明。

4.2.4 验证基于读写锁的数据结构

读写锁由读锁和写锁构成，它允许多个线程同时占用读锁，而在某一时刻写锁只能被一个线程占用。读写锁允许多个读方法同时访问共享的资源，从而比一般的互斥锁具有更高的并行性。本节验证

arraylist，它是 Apla-Java 可重用部件库中一个基于读写锁、使用数组实现的并发序列。它拥有 11 个方法表（4-1），其中读（读方法）指方法仅对并发数据结构的共享状态进行读操作，写（写方法）指方法需要对并发数据结构的共享状态进行读写操作。在方法的实现上，每一个读方法在执行时首先请求读锁保护，每一个写方法在执行时首先请求写锁保护。

表4-1　arraylist方法及读写属性

方法名称	方法功能	读锁 / 写锁
subseq(int i,int j)	取子序列	读锁
copy(　)	拷贝序列	读锁
exchange(int i,int j)	交换序列中两元素	写锁
objectgetvalue(int i)	取序列中的第 i 个元素	读锁
isequal(arraylist a,arraylist b)	判断两个序列是否相等	读锁
modify(int i,Objectob j)	修改序列第 i 个元素	写锁
print(　)	输出序列中的元素	读锁
removelement(Objecteob j))	删除序列中的元素	写锁
union(arraylist a,arraylist b)	合并序列	写锁
eplsubseq(arraylist a,arraylist b,int i,int j,int g)	替换序列	写锁
size(　)	求序列的大小	读锁

图 4-3 展示了 arraylist 中的共享变量和求子序列的方法 subseq。序列中的元素存放在数组 data 中，h 和 t 分别表示序列首尾元素在数组中的位置，size 和 capacity 分别表示序列的大小和容量。subseq 是一个读方法，它首先请求获得读锁（L_1），如果参数 $i \leq j$，则把数组 data 从 i 到 j 的元素复制给一个新的数组 sq（$L_2 \sim L_{12}$），然后定义这个新数组的大小、容量和首尾元素下标（$L_{13} \sim L_{16}$），最后释放读锁并返回这个新的数组 sq（L_{18}、L_{19}）；如果参数 $i > j$，方法则释放读锁和返回一个新建的空数组（L_{21}、L_{22}）。

```
class arraylist{                           ReadWriteLock L;
int size;                              L₉   sq.data[k]=temp[k];
int capacity;                          L₁₀   k++; }
int h;                                 L₁₁   else {
int t;                                 L₁₂   break; }
Objeet[ ] data;                        L₁₃   }
}                                      L₁₄   sq.size=j-i+1;
arrayist subseq(int i,int j) {         L₁₅   sq.capacity=capacity;
L₁   L.readLock();                     L₁₆   sq.h=0:
L₂   if(i≤j){                          L₁₇   sq.t=j-i+1;
L₃   Object[] temp=new Object(j-i+1);  L₁₈   L.readunlock();
L₄   copyinto(temp,i,0,j-i+1);         L₁₉   return sq;
L₅   arraylist sq=new arraylist(capacity);  L₂₀   }
L₆   int k=0;                          L₂₁   L.readUnlock();
L₇   while(true) {                     L₂₂   return new arraylisr(1);
L₈   if(k<j-i+1){                      L₂₃   }
```

图 4-3　基于读写锁的序列

抽象函数将 arraylist 映射成序列的值是数组 data 中从第一个元素起到最后一个元素构成的序列，抽象函数形式化定义如下：

$$AF(\text{arraylist}) = (\text{data}[1], \cdots, \text{data}[\text{size}])$$

下面证明 arraylist 中的 subseq 方法是可约简的，通过类似的证明可得到其他方法也是可约简的。

（1）当 i ≤ j 时，subseq 方法的执行路径可用如下正则表达式表示：

$$P_1 = (L_1, L_2^+, L_3, L_4, L_5, L_6) \wedge (L_8^+, L_9, L_{10})^* \wedge (L_8^-, L_{12}, L_{14}, L_{15}, L_{16}, L_{17}, L_{18}, L_{19})$$

（2）当 i > j 时，subseq 方法的执行路径如下：

$$P_2 = (L_1, L_2^-, L_{21}, L_{22})$$

下面证明路径 P_1 和 P_2 是可约简的。

引理 4.2.3 路径 P_1 和 P_2 是可约简的。

证明：在路径 P_1 中，L_1 是获得读锁的操作，L_{18} 是释放读锁的操作，依据交换性 4，L_1 是向右交换者，L_{18} 是向左交换者。$L_1 \sim L_{18}$ 中的原子操作，要么是读取共享变量的操作，要么是线程的本地操作。因为方法执行时，受到读锁保护，所以与它们交错执行的不可能是更新共享变量的操作。依据交换性 3，它们是双向交换者。L_{19} 是线程的本地操作，依据交换性 1，它是双向交换者。路径 P_1 满足 R^*L^* 的形式，因此是可约简的。

在路径 P_2 中，L_1 是获得读锁的操作，L_{21} 是释放读锁的操作，依据交换性 4，L_1 是向右交换者，L_{18} 是向左交换者。L_2 和 L_{22} 是线程本地操作，依据交换性 1，它们是双向交换者。路径 P_2 满足 R^*L^* 的形式，因此是可约简的。

4.2.5 验证 MS 无锁队列

图 4-4 展示了 MS 无锁队列的代码，该队列由一个单链表实现，并带有一个栈顶指针 Head 和栈顶 Tail。栈顶指针总是指向链表头节点；尾指针用来定位链表尾节点，在执行的过程中，指向链表的最后一个节点或倒数第二个节点。

为提高链表操作的效率，头节点用作哑节点，当链表头节点的指针域为空时，代表链表为空表。当链表不为空时，出队操作使用 cas 指令尝试将栈顶指针 Head 指向栈顶节点的下一个节点，cas 指令操作成功时返回新的头节点里的数据域中的值，因此新的头节点变成哑节点。当链表为空时，出队操作返回 empty。当栈顶 Tail 指向尾节点时，入队操作首先在尾节点处链接一个新的节点，然后将栈顶 Tail 指向新的尾节点。在该算法中，入队操作的这两步并不是原子的完成，当入队操作完成连接新节点时，其他线程可能发现栈顶 Tail 没有指向尾节点，从而帮助入队操作完成把栈顶 Tail 指向新的尾节点后才开始自己的任务。这一点是这个算法特有的灵巧设计。通常把这种线程帮助其他线程完成操作的机制称为帮助机制。DGLM 队列采用了类似的帮助机制，其可线性化证明类似 MS 队列。

```
class node{                          L11  cas(&Tail, t, new_n);
int value;                           L12 }
node next;}                          int Dequeue() {
class Queue {                        local h, t, hn, ret;
node Head,Tail;                      while (true) {
void Enqueue(int v);                 T0  h := Head;
int Dequeue(); }                     T1  t := Tail;
void Enqueue(int v) {                T2  hn := h.next;
local new_n, t, tn;                  T3  if (h == Head) {
L0  new_n := cons(v, null);          T4  if (h ==t) {
while (true) {                       T5  if (hn== null) {
L1  t := Tail;                       T6  return EMPTY; }
L2  tn := t.next;                    T7  else {
L3  if (t == Tail) {                 T8  cas(&Tail, t, hn); }
L4  if (tn == null) {                T9  }
L5  if (cas(&(t.next),tn,new_n))     T10 else {
L6  break; }                         T11 ret := hn.value;
L7  else {                           T12 if cas(&Head,h,hn);
L8  cas(&Tail, t, tn); }             T13 return ret; }
L9   }                               T14 }
L10 }                                T15 } }
```

图 4-4　MS 无锁队列的代码

4.2.5.1 队列的模型规约及抽象函数

队列的模型规约定义如下：

$$\text{Enqueue}(\text{seq}, x) = \left(\text{seq}^\frown(x), \varepsilon\right)$$

$$\text{Dequeue}(\text{seq}) = \begin{cases} \left(\text{Tail}(\text{seq}), \text{First}(\text{seq})\right), & seq \neq \text{empty} \\ \left(\text{seq}, \text{EMPTY}\right), & seq = \text{empty} \end{cases}$$

其中，队列的模型为一个序列 seq，x 为入队方法的参数。ε 不同于 empty，表示方法没有返回值。抽象函数定义如下：

$$\text{AF}(Q) = \begin{cases} (), & Q.\text{Head.next} = \text{null}; \\ (Q.\text{Head.next.value})^\frown \text{AF}(Q'), & Q.\text{Head.next} \neq \text{null}; \end{cases}$$

其中，$Q'.\text{Head} = Q.\text{Head.next}$。

注意：栈底指针的值并不影响队列的抽象状态。队列的抽象值是从链表的第 2 个节点起（头节点为哑节点）到尾节点止的节点数据域构成的序列，因此更新栈底指针并不会修改队列的抽象状态。

4.2.5.2 入队操作的执行路径及纯化转换

在执行路径中，布尔表达式末尾添加"+"或"-"表示表达式的值为真 / 假，cas 指令末尾添加"+"或"-"表示 cas 操作成功 / 失败。入队操作中的 while 循环迭代的路径可分为以下三类：

（1）不改变共享的状态，且不能退出循环的迭代路径：

$$- \ P_1 = \left(L_1, \ L_2, \ L_3^-\right)$$

$$- \ P_2 = \left(L_1, \ L_2, \ L_3^+, \ L_4^-, \ L_8^-\right)$$

$$- \ P_3 = \left(L_1, \ L_2, \ L_3^+, \ L_4^+, \ L_5^-\right)$$

（2）向后移动尾指针，且不能退出循环的迭代路径：

$$- \ P_4 = \left(L_1, \ L_2, \ L_3^+, \ L_4^-, \ L_8^+\right)$$

（3）成功连接新节点，且执行后退出循环的迭代路径：

$$- P_5 = \left(L_1, \ L_2, \ L_3^+, \ L_4^+, \ L_5^+ \right)$$

入队操作中的 while 循环迭代的路径可用下面的正则表达式表示：

$$(P_1 \mid P_2 \mid P_3 \mid P_4)^* \!\!\!{}^\frown P_5$$

入队操作循环执行前的路径是

$$P_0 = L_0 = \left(new\_n := cons(v, null) \right)$$

循环结束后后路径是

$$P_6 = L_6^+ = (cas\left(\&Tail, t, new\_n \right)^+) 或$$

$$P_7 = L_6^- = (cas\left(\&Tail, t, new\_n \right)^-)。$$

整个入队操作的执行路径由循环前的路径、循环执行的路径和循环后的执行路径构成，其执行路径可以用如下正则表达式表示：

$$Enq = P_0 \!\!\!{}^\frown (P_1 \mid P_2 \mid P_3 \mid P_4)^* \!\!\!{}^\frown P_5 \!\!\!{}^\frown (P_6 \mid P_7)$$

P_1、P_2 和 P_3 是不改变共享状态的循环迭代，P_7 也不会改变共享状态，它们是纯代码段。通过删除这些纯代码段，可得到如下入队操作执行路径表达式：

$$Enq' = P_0 \!\!\!{}^\frown (P_4)^* \!\!\!{}^\frown P_5 P_6$$

P_0 用来创建一个新的节点，属线程本地操作；P_4 中原子操作并不访问这个新节点。因此，P_0 中的原子节点可以向右和其他线程中的原子操作交换，如可以向右和 P_4 中的原子操作交换。通过上述转换，可得到下面的入队操作执行路径表达式：

$$Enq'' = (P_4)^* \!\!\!{}^\frown P_0 P_5 P_6$$

P_4 和 P_6 虽成功的修改了尾指针，但它们不会改变队列的抽象状态。取路径 Enq'' 中子段 $BP = P_0 P_5$，依据基于单路径的抽象约简，只要证明 BP 是可约简的即可。

4.2.5.3 证明入队操作路径的约简性

下面证明路径 $BP = (\text{new}\_n := \text{cons}(v, \text{null}); \quad t := \text{Tail}; \; tn := t.\text{next};$ $t = \text{Tail}^+; \; tn = \text{null}^+; \; \text{cas}\,(\&(t.\text{next}), tn, \text{new}\_n)^+$ 是可约简的。

引理 4.2.4 路径 BP 是可约简的。

证明：$\text{new}\_n := \text{cons}(v, \text{null})$ 和 $tn = \text{null}^+$ 是线程本地原子操作，根据交换性 1，它们是双向交换者。因为 $\text{cas}(\&(t.\text{next}), tn, \text{new}\_n)^+$ 是一个成功的 cas 操作，根据交换性 5，$tn := t.\text{next}$ 是向右交换者。因为 $t := \text{Tail}$、$t.\text{next} = tn = \text{null}$ 和 $t.\text{next}$ 在 $tn := t.\text{next}$ 到 $\text{cas}(\&(t.\text{next}), tn, \text{new}\_n)^+$ 期间没有被别的线程修改，所以得到 $\text{Tail}.\text{next}$ 在 $tn := t.\text{next}$ 到 $\text{cas}(\&(t.\text{next}), tn, \text{new}\_n)^+$ 期间的值是 null。因为 $\text{Tail}.\text{next}$ 在 $tn := t.\text{next}$ 到 $\text{cas}(\&(t.\text{next}), tn, \text{new}\_n)^+$ 期间的值是 null，所以 Tail 从 $t := \text{Tail}$ 到 $\text{cas}(\&(t.\text{next}), tn, \text{new}\_n)^+$ 期间没有被修改，根据交换性 3，$t := \text{Tail}$ 和 $t = \text{Tail}^+$ 是向右交换者。$\text{cas}(\&(t.\text{next}), tn, n)^+$ 是非交换者。BP 满足样式 R^*A，因此是可约简的。

4.2.5.4 出队操作的执行路径及纯化转换

出队操作中的 while 循环迭代的路径可分为以下三类：

（1）不修改共享状态，且不能退出循环的迭代路径：

$$- X_1 = \left(T_0, \; T_1, \; T_2, \; T_3^-\right)$$

$$- X_2 = \left(T_0, \; T_1, \; T_2, \; T_3^+, \; T_4^-, \; T_{11}, \; T_{12}^-\right)$$

$$- X_3 = \left(T_0, \; T_1, \; T_2, \; T_3^+, \; T_4^+, \; T_5^-, \; T_8^-\right)$$

（2）向后移动尾指针，且不能退出循环的迭代路径：

$$- X_4 = \left(T_0, \; T_1, \; T_2, \; T_3^+, \; T_4^+, \; T_5^-, \; T_8^+\right)$$

（3）执行后退出循环的迭代路径：

$$- X_5 = \left(T_0, \; T_1, \; T_2, \; T_3^+, \; T_4^+, \; T_5^+, \; T_6\right)$$

$$- X_6 = \left(T_0, \ T_1, \ T_2, \ T_3^+, \ T_4^-, \ T_{11}, \ T_{12}^+, \ T_{13} \right)$$

整个出队操作的执行路径可以用如下正则表达式描述：

$$Deq = (X_1 \mid X_2 \mid X_3 \mid X_4)^{*-} (X_5 \mid X_6)$$

X_1、X_2 和 X_3 是不改变共享状态的循环迭代，它们是纯代码段，可以删除。通过删除这些纯代码段，可得到如下出队操作执行路径表达式：

$$Deq' = (X_4)^{*-} (X_5 \mid X_6)$$

X_4 的影响是向后移动尾指针，路径中的原子操作不会改变队列的抽象状态。路径 X_6 的原子操作序列如下：$X_6 = \big(h := \text{Head}, \ t := \text{Tail}, \ hn := h.\text{next}, \ \text{cas}(\&\text{Head}, h, hn)^+, \ \text{return ret} \big)$。其中，$h = t^-$ 和 $t := \text{Tail}$ 是两个纯代码段操作，删除它们可得到下面的执行路径：$X_{6'} = \big(h := \text{Head}, \ hn := h.\text{next}, \ h = \text{Head}^+, \ \text{ret} := hn.\text{value}, \ \text{cas}(\&\text{Head}, h, hn)^+, \ \text{return ret} \big)$。依据基于单路径的抽象约简，只要证明路径 X_5 和 $X_{6'}$ 是可约简的即可。

4.2.5.5 证明出队操作路径的约简性

下面证明出队操作的路径经过纯化转换后，是可抽象约简的。

引理 4.2.5　路径 $X_5 = \big(h := \text{Head}, t := \text{Tail}, hn := h.\text{next}, h = \text{Head}^+, h = t^+, hn = \text{null}^+, \text{return } EMPTY \big)$ 是可约简的。

证明：在路径 X_5 中，$h = t^+$、$hn = \text{null}^+$ 和 return empty 是线程的本地原子操作，依据交换属性 1，它们是双向交换者。因为 $h = \text{Head}^+$，所以 Head 栈顶指针从 $h := \text{Head}$ 到 $h = \text{Head}^+$ 运行期间没有被修改。所以根据交换性 3，可得 $h := \text{Head}$ 是向右交换者，$h = \text{Head}^+$ 是向左交换者。因为 $h = t^+$ 和 Head 头指针从 $h := \text{Head}$ 到 $h = \text{Head}^+$ 运行期间没有被修改，所以在执行 $t := \text{Tail}$ 时，$\text{Head} = \text{Tail}$。因为 $hn = \text{null}^+$，所以 Tail 指针从 $t := \text{Tail}$ 到 $hn := h.\text{next}$ 运行期间没有修改；根据交换性 3，

$t :=$ Tail 是一个向右交换者。$hn := h.$next 是一个非交换者，在它左边的原子操作都是向右交换者，在它右边的原子动作都是向左交换者，因此路径 X_5 是可约简的。

引 理 4.2.6 路 径 $X_{6'} = \left(h := \text{Head}, \ hn := h.\text{next}, \ h = \text{Head}^+, \right.$
$ret := hn.\text{value}, \quad \text{cas}(\&\text{Head}, h, hn)^+, \ \text{return ret} \left. \right)$ 是可约简的。

证明：在路径 $X_{6'}$ 中，$\text{cas}(\&\text{Head}, h, hn)^+$ 是一个成功的 cas 操作，所以从 $h := \text{Head}$ 到 $\text{cas}(\&\text{Head}, h, hn)^+$ 运行期间 Head 指针没有被别的线程修改。根据交换性 3 可得，$h := \text{Head}$、$hn := h.\text{next}$ 和 $h = \text{Head}^+$ 是向右交换者。因为 hn 节点的数据域从不会被修改，所以 ret:=hn.value 是双向交换者。$\text{cas}(\&\text{Head}, h, hn)^+$ 是一个非交换者，它左边的原子操作是向右交换者，它右边的原子操作是向左交换者，因此路径 $X_{6'}$ 是可约简的。

4.2.6 验证数据对快照

数据对快照采用乐观的并发策略实现原子读取一对数据，它的代码如图 4-5 所示。

数组 m 中的元素包括数据域和版本号两个域。写方法 write 中每次原子更新一个元素的数据域并将版本号加 1。读方法 readPair 每次返回要读的两个元素中的数据域的值。为读到一致性的两个值，readPair 采用乐观并发策略，首先分别读取两个元素的值，如果发现第一个读到的元素版本号保持不变（意味着运行期间没有线程对其进行写操作），则返回读到的两个数据域的值；否则重新开始读取元素，直到成功读取到这两个元素的值。该算法的顺序规约定义如下：

$$\text{write(ms,(i,d))} = \left(ms', \varepsilon \right) \quad \text{readPair(ms,(i,j))} = \left(ms, \left(ms[i].\text{vall}, ms[j].\text{val} \right) \right)$$

其中，ms' 表示除第 i 个元素的数据域等于 d，版本域等于 $ms[i]$ 的版本域加 1 外，其他元素与 ms 相同。

```
class Obj{                          L₁  while(true){
data_t val;                         L₂  ⟨x: = m[i].val; v_1: = m[i].ver;⟩
int ver; }                          L₃  ⟨y: = m[j].val; v_2: = m[j].ver;⟩
class MainC{                        L₄  if(v_1=m[i].ver){
Obj M[ ];                           L₅    return (x,y);   }
data_pair readPair(int i,intj);     L₆  }
void write(data_t d,int i);         L₇  }
}                                   void write(int i, data_t d){
data_pair readPair(int i,intj){       ⟨m[i].val: = d; m[i].ver + +;⟩
local x,y,v_1,v_2;                    }
```

图 4-5　数据对快照的代码

　　写方法受原子块保护，显然满足它的顺序规约，下面分析 readPair 方法满足它的顺序规约。readPair 的执行路径可用如下正则表达式表示：

$$EU = (L_2, \ L_3, \ L_4^-)^* \wedge (L_2, \ L_3, \ L_4^+, \ L_5)$$

(L_2, L_3, L_4^-) 中的语句只改变线程局部变量的值，并不会修改共享状态，它是一个纯代码段。通过删除纯代码段，可得到如下路径表达式：

$$EU' = (L_2, \ L_3, \ L_4^+, \ L_5)$$

引理 4.2.7　路径 EU′ 是可约简的。

　　证明：在路径 EU′ 中，布尔表达式 $L_4^+: v\_1 = m[i]$.ver 为真值，所以在 L_2 到 L_4^+ 执行期间，$m[i]$ 的值没有被修改（因为 $m[i]$ 的值一旦被修改，它的版本号就会加 1）。根据交换性 3 可得 L_2 是一个向右交换者，L_4^+ 是一个向左交换者。L_5 是一个线程局部原子操作，所以它是一个双向移动者。$L_3: \langle y := m[j]$.val; $v\_2 := m[j]$.ver;⟩ 是一个非交换者，在 L_3 左边的原子操作都是向右交换者，右边的原子操作都是向左交换者，因此路径 EU′ 是可约简的。

4.3　验证不可约简的读方法

读方法不修改并发数据结构的共享状态，对于带有不可约简的读方法的并发数据结构，可按下面的方式处理：

（1）证明每个读方法在任何执行中存在一个时间点，读方法在该点原子的执行，其返回值将和原执行的返回值相同，称这样的时间点为读方法的可达点。

（2）对于其他写方法，证明在没有读方法的干涉下是可抽象约简的，即满足形式 $R^* A^p L^*$，且要求每条路径除非交换原子操作，其他原子操作都不改变读方法的可达性，即路径 R^* 中的原子操作可向右与可达点交换，而不会改变读操作的可达性。也就是说读方法在 R^* 中的原子操作前原子执行的返回值与在 R^* 中的原子操作后原子执行的返回值相同。类似地，要求 L^* 中的原子操作可向左与可达点交换，而不会改变读操作的可达性。

对于并发数据结构的任意执行，可以通过下列方式将执行转换成一个其中读方法原子执行的执行：删除读方法的执行，在可达点处插入读方法原子的执行。读方法不改变共享状态，所以该变换不会影响其他线程的执行；读方法的返回值和原来执行的返回值相同，所以该变换不会影响调用线程后面的执行。本书应用该方法验证了基于乐观锁的集合、基于惰性链表的集合、基于锁耦合的集合（lock-couplinglist）。

4.3.1 验证基于乐观锁的集合

图4-6 展示了基于乐观锁的集合的代码，集合的元素存储在由 node 元素构成的一个单链表中。链表中的节点拥有两个域，分别是数据域（val）和下一节点的指针域（next）。链表中的每一个节点都

引入了锁，对节点并发读写进行保护。链表的头节点和尾节点作为哨位节点，分别存储负无穷（ −∞ ）和正无穷（ +∞ ）的值。链表中节点的数据域构成的序列按升序排列。内部方法 locate(e) 从头节点开始寻找第一个数据域大于或等于 e 的节点，称它为候选节点，对应的代码为 $L_1 \sim L_6$。为提高算法的并行度，方法遍历时不对节点加锁。如果方法找到候选节点，它对候选节点和该节点的上一节点加锁（ L_7、L_8），然后测试它们是否仍在链表中且保持相邻（ $L_9 \sim L_{12}$ ）。如果测试成功，则返回这对节点 (pre,cur)，其中 pre.val < e ， cur.val ⩾ e ，pre.next = cur ；如果失败，则释放锁，重新开始寻找。

```
class node {
int val;
node next;   }
class OptSet {
node Head;
Head:=cons(−∞,null);
Head.next:=cons(+∞,null); }
(node,node) locate(e){
L0  local pre, cur, u;
L1  while (true) {
L2   pre := Head;
L3   cur := pre.next;
L4   while (cur.val < e) {
L5    pre := cur;
L6    cur := cur.next; }
L7   lock(pre);
L8   lock(cur);
L9   s := Head;
L10   while (s.val < pre.val){
L11    s := s.next;}
L12   if (s = =pre ∧ pre.next = =cur){
L13    return (pre, cur);}
L14   else {
L15    unlock(pre);
L16    unlock(cur); }
L17  }
L18 }
boolean add(e){
A0  local pre, cur, n;
A1  (pre, cur) := locate(e);
```

```
A2  if (cur.val ≠ e) {
A3    n := cons(0, e, cur);
A4    pre.next := n;
A5    unlock(pre);
A6    unlock(cur);
A7    return true; }
A8  else {
A9    unlock(pre);
A10    unlock(cur);
A11    return false; }
A12 }
boolean remove(e){
R0  local pre, cur, n;
R1  (pre, cur) := locate(e);
R2  if (cur.val == e) {
R3    n := cur.next;
R4    pre.next := n;
R5    unlock(pre);
R6    unlock(cur);
R7    return true; }
R8  else {
R9    unlock(pre);
R10    unlock(cur);
R11    return false; }
R12 }
boolean contain(e){
C0  (pre, cur) := locate(e);
C1  unlock(pre);
C2  unlock(cur);
C3  return (cur.val = e);}
```

图 4-6 基于乐观锁的集合的代码

add 方法首先调用 locate(e) 方法，得到一对候选的节点 (pre,cur)。如果 cur.val = e，那么 add 方法返回 false，并且释放节点 pre 和 cur 中的锁；如果 cur.val ≠ e，那么 add 方法在 pre 和 cur 的中间插入一个数据域等于 e 的新节点。

同样地，remove 方法也首先调用 locate(e) 方法，得到一对候选的节点 (pre,cur)。如果 cur.val = e，remove 方法删除 cur 节点并返回 true；如果 cur.val ≠ e，remove 方法返回 false，并且释放节点 pre 和 cur 中的锁。

contain(e) 方法也首先调用 locate(e) 方法，得到一对候选的节点 (pre,cur)。如果 cur.val = e，则返回 true；否则，返回 false。

4.3.1.1 集合的模型规约及抽象函数

集合的模型规约定义如下：

$$\text{add}(S,e) = \begin{cases} (S \cup \{e\}, \text{true}), e \notin S \\ (S, \text{false}), e \in S \end{cases}$$

$$\text{contain}(S,e) = \begin{cases} (S, \text{true}), e \in S \\ (S, \text{false}), e \notin S \end{cases}$$

$$\text{remove}(S,e) = \begin{cases} (S - \{e\}, \text{true}), e \in S \\ (S, \text{false}), e \notin S \end{cases}$$

抽象函数将该集合的实现映射到除头尾哨位节点外的所有节点数据域构成的集合，形式化定义如下：

$$\text{AF}(S) = \begin{cases} \{\}, & S.\text{Head.next.value} = +\infty; \\ (S.\text{Head.next.value}) \cup \text{AF}(Q'), & S.\text{Head.next.value} \neq +\infty; \end{cases}$$

其中，S 代表该集合，$S.\text{Headad} = S.\text{Head.next}$。

4.3.1.2 读方法的可达性

本节首先证明内部读方法 locate 的可达性（引理 4.3.1、引理 4.3.2），这使得我们可以像原子方法一样处理 locate 方法（引理 4.3.3）。

引理 4.3.1　对于 locate 方法 L_{10} 处的 while 循环，从每次迭代开始到该迭代结束，存在一个时间点使得迭代结束后的节点 s 在该时间点上从 Head 开始是可达的。

证明：使用数学归纳法证明这个循环不变式，对循环的次数进行归纳。

奠基：在循环开始前，$s := \text{Head}$，显然 s 在循环开始前是可达的。

归纳步骤：假设在这个 while 循环的第 k 次迭代中，这个循环不变式成立。在这个 while 循环第 $k+1$ 次迭代后，$s = s'.\text{next}$，其中 s' 代表第 k 次迭代后变量 s 的值。考虑两种情况：

（1）在第 $k+1$ 次迭代中，当执行语句 s = s'.next 时，节点 s' 是可达的。显然，在执行语句 s = s'.next 的时刻，节点 cur 也是可达的。

（2）在第 $k+1$ 次迭代中，当执行语句 s = s'.next 时，节点 s' 是不可达的。依据假设，节点 s' 在第 k 次迭代中的某个时刻是可达的，所以节点 s' 在迭代过程中从链表中被移除。s' 删除后的下一个节点域是节点 s。因为被删除的节点的下一个节点域不会被修改，而 s' 删除前的下一个节点域仍然是节点 s，所以节点 s 在 s' 节点删除前一时刻是可达的。

引理 4.3.2　对于该集合任意终止执行中的每一个 locate 方法，在 L_{13} 语句执行的时候，locate 方法返回的节点 pre 和 cur 都是可达的，且 $\text{pre.next} = \text{cur}$，$\text{pre.val} < e$，$\text{cur.val} \geq e$。

证明：依据上面的循环不变式（引理 3.1）可得节点 pre 在 L_{10} 处的 while 循环的最后一次迭代的某个时刻是可达的。因为节点 pre 在 L_7 处已经被锁保护，所以在 L_{13} 语句执行的时候，节点 pre 仍然是可达的。因为 pre.next = cur 和 cur 在 L_8 处已经被锁保护，所以在 L_{13} 处，节点 cur 也是可达的。根据 L_4 处的 while 循环的结束条件可得 pre.val < e 和 cur.val ≥ e。

引理 4.3.3　设 OptSet' 是用原子块语句 atomic $\{(\text{pre},\text{cur}) := \text{locate}(e)\}$ 替换 OptSet 集合方法中的 $(\text{pre},\text{cur}) := \text{locate}(e)$ 语句得到的一个集合并发数据结构。OptSet 所有完整的执行记录相对抽象集合是可线性化的当且仅当 OptSet' 中所有完整的执行记录相对抽象集合是可线性化的。

证明：

（1）OptSet 集合的每一次正常终止的执行 π 都对应着 OptSet' 集合的一次正常终止的执行 π'，使得：如果顺序执行记录 L 是 $H(\pi')$ 的一个线性化，那么 L 也是 $H(\pi)$ 的一个线性化。

证：通过如下步骤将执行 π 转换成 π'：

①删除 π 中由 $(\text{pre},\text{cur}) := \text{locate}(e)$ 产生的所有变迁。

②对于每一个在 π 中的 $(\text{pre},\text{cur}) := \text{locate}(e)$，令 S 是 $(\text{pre},\text{cur}) := \text{locate}(e)$ 中最后一个原子操作变迁的后置状态。在该原子操作变迁处插入 atomic $\{(\text{pre},\text{cur}) := \text{locate}(e)\}$ 和后置状态 S。

locate 是一个读方法，删除它不会影响其他线程的运行。依据引理 4.3.1，对于每一个 locate 方法，在 π 和 π' 中，它们的返回值是相同的。所以插入这个原子块语句后，不会影响调用它们的线程后面的执行。π' 和 π 中的方法有相同的参数和返回值，且 π' 保留了 π 中方法的操作间的先于偏序关系。因此，$H(\pi) \subseteq H(\pi')$。根据性质 2.4.1（可线性化关系的传递性），$H(\pi') \subseteq L \Rightarrow H(\pi) \subseteq L$。

（2）OptSet' 的每一次正常终止的执行 β 都对应着 OptSet 集合的一次正常终止的执行 β'，使得如果顺序执行记录 L 是 $H(\beta')$ 的一个线性化，那么 L 也是 $H(\beta)$ 的一个线性化。

OptSet' 的原子执行对应着 OptSet 的顺序执行，故成立。

（3）证毕。

证明：根据（1）和（2）可得。

4.3.1.3 证明路径的约简性

下面证明 OptSet′ 集合中的方法是可约简的。add 方法、remove 方法和 contain 方法的执行路径可用如下正则表达式描述：

$$add= \left(\langle A_1\rangle, A_2^+, A_3, A_4, A_5, A_6, A_7\right) | \left(\langle A_1\rangle, A_2^-, A_9, A_{10}, A_{11}\right)$$

$$remove = \left(\langle R_1\rangle, R_2^+, R_3, R_4, R_5, R_6, R_7\right) | \left(\langle R_1\rangle, R_2^-, R_9, R_{10}, R_{11}\right)$$

$$contain= \left(\langle C_0\rangle, C_1, C_2, C_3\right)$$

其中，$\langle A_0\rangle$、$\langle R_0\rangle$ 和 $\langle C_0\rangle$ 代表原子块语句 atomic $\left\{(pre, cur) := locate(e)\right\}$。

引理 4.3.4   OptSet′ 集合中的每一个方法的执行路径都是可约简的。

证明：在 $\langle A_0\rangle$、$\langle R_0\rangle$ 和 $\langle C_0\rangle$ 执行过程中，节点 pre、cur 被锁保护，且 $locate(e)$ 是读方法，因此它们可以和其他线程的原子操作右交换而不会改变 $locate(e)$ 方法的返回值。所以 $\langle A_0\rangle$、$\langle R_0\rangle$ 和 $\langle C_0\rangle$ 原子块是向右交换者。

在 add 方法的 $\left(\langle A_1\rangle, A_2^+, A_3, A_4, A_5, A_6, A_7\right)$ 路径中，A_3 和 A_7 是线程的局部原子操作，依据交换性 1，它们是双向交换者。A_5 和 A_6 是释放锁的原子操作，依据交换性 4，它们是向左交换者。因为节点数据域不会被修改，依据交换性 3，A_2^+ 是双向交换者。因为节点 pre 被锁保护，依据交换性 2，A_3 是双向交换者。add 方法的这条路径满足样式 $R^*A^?L^*$，因此是可约简的。

在 add 方法的 $\left(\langle A_1\rangle, A_2^-, A_9, A_{10}, A_{11}\right)$ 路径中，因为节点数据域不会被修改，依据交换性 3，A_2^- 是双向交换者。A_9 和 A_{10} 是释放锁的原子操作，依据交换性 4，它们是向左交换者。A_{11} 是线程的局部原子操作，依据交换性 1，它们是双向交换者。add 方法的这条路径满足样式 $R^*A^?L^*$，因此是可约简的。

在 remove 方法的 $\left(\langle R_1\rangle, R_2^+, R_3, R_4, R_5, R_6, R_7\right)$ 路径中，因为节点数据域不会被修改，依据交换性 3，R_2^+ 是双向交换者。因为节点 pre 和

cur 被锁保护，它们的 next 域不会被修改，依据交换性 2，R_3 和 R_4 是双向交换者。R_5 和 R_6 是释放锁的原子操作，依据交换性 4，它们是向左交换者。R_7 是线程局部原子操作，依据交换性 1，它是双向交换者。remove 方法的这条路径满足样式 R^*L^*，因此是可约简的。通过类似的证明可得 remove 方法的另一条执行路径和 contain 方法的路径也是可约简的。

4.3.2 验证基于惰性链表的集合

图 4–7 展示了基于惰性链表的集合的代码，集合的元素存储在由 Head 指向其头节点的一个单链表中。链表中的节点拥有三个域，分别是数据域（val）、下一节点的指针域（next）和一个布尔值的标识域（m）。标识域的作用是指示节点是否被逻辑删除。链表中的每一个节点都引入了锁，对节点并发读写进行保护。这个链表的头节点和尾节点作为哨位节点，分别存储负无穷（ $-\infty$ ）和正无穷（ $+\infty$ ）的值。与基于乐观锁的集合一样，链表中节点的数据域构成的序列按升序排列。

```
class node{                              A₄    r := true; }
int lock;     int val;                   A₅  else {
node next;      boolean m; }             A₆    r := false; }
class LazySet {                          A₇  unlock(pre);
node Head;                               A₈  unlock(cur);
init(){                                  A₉  return r; }
Head:=cons(0,+∞,null,false);             boolean remove(int e){
Head.next:=cons(0,−∞,null,false); } }    local pre, cur, n, r;
(node,node)    locate(int e){            R₀  (pre, cur) := locate(e);
local pre, cur;                          R₁  if (cur.val = =e) {
L₀  while (true) {                       R₂    cur.m := true;
L₁    pre := Head;                       R₃    n := cur.next;
L₂    cur := p.next;                     R₄    pre.next := n;
L₃    while (true) {                      R₅    r := true; }
L₄    if(cur.val < e) {                   R₆  else {
L₅      pre := cur;                       R₇    r := false; }
L₆      cur := cur.next;}                 R₈  unlock(pre);
L₇    else {                              R₉  unlock(cur);
L₈      break;} }                         R₁₀ return r; }
L₉    lock(pre);                             boolean contain(int e){
L₁₀   lock(cur);                          local cur;
L₁₁ if (!pre.m∧!cur.m∧pre.next = =cur){   C₀  cur := Head;
L₁₂    return (pre, cur);}                C₁  while (true) {
L₁₃   else {                              C₂  if(cur.val < e){
L₁₄    unlock(pre);                       C₃    cur := cur.next;}
L₁₅    unlock(cur); } }                   C₄  else {
}                                         C₅    break;} }
boolean add(int e){                       C₆  b := cur.m;
local pre, cur, n, r;                     C₇  if (!b && cur.val = =e){
A₀  (pre, cur) := locate(e);              C₈    return true;}
A₁  if (cur.val ≠ e) {                     C₉  else {
A₂    n := cons(0, e, cur, false);        C₁₀   return false; }
A₃    pre.next := n;                       C₁₁  }
```

图 4-7　基于惰性链表的集合的代码

该集合定义了三个方法，分别是 add 方法、remove 方法和 contain 方法。内部方法 locate(e) 从头节点开始寻找第一个数据域大于或等于 e 的节点，最终返回一对节点 (pre,cur)。其中 pre 和 cur 已经被锁，pre.val < e， cur.val ≥ e 和 pre.next = cur。

add 方法首先调用 locate(e) 方法，得到一对候选的节点 (pre,cur)。如果 cur.val = e，那么 add 方法返回 false，并且释放节点 pre 和 cur 中的锁；如果 cur.val ≠ e，那么 add 方法在 pre 和 cur 的中间插入一个数据域等于 e 的新节点，然后释放节点 pre 和 cur 中的锁并返回 true。

同样地，remove 方法也首先调用 locate(e) 方法，得到一对候选的节点 (pre,cur)。如果 cur.val = e，remove 方法首先将 cur 节点的标识域 m 设置为 true（意味着该节点已被逻辑删除），然后通过原子操作将 pre.next 指向 cur.next 指向的节点（意味着该节点已被物理删除），最后方法释放节点对中的锁和返回 true；如果 cur.val ≠ e，remove 方法返回 false，并且释放节点（pre,cur）中的锁。

contain(e) 方法是一个无锁的读方法，其从头节点开始寻找是否存在一个数据域的值等于 e 的节点，如果存在这样的节点，且它的标识域为 false，则返回 true；否则返回 false。

集合的模型规约已在上一小节（4.3.1.1）中展示，抽象函数将该集合映射成单链表中除头节点和尾节点外的节点数据域构成的集合。

4.3.2.1 读方法的可达性

本小节首先证明 contain 方法的可达性（引理 4.3.5、引理 4.3.6），然后证明内部方法 locate 的可达性（引理 4.3.7），这使得我们可以像原子方法一样处理 locate 方法。

引理 4.3.5　对于 contain 方法在 C_1 处的 while 循环，在每次迭代开始到该迭代结束期间，存在一个时间点使得节点 cur 在该时间点上从 Head 开始是可达的。

证明：使用数学归纳法证明这个循环不变式，对循环的次数做归纳。

奠基：在循环开始前， cur := head ，显然 cur 在循环开始前是可达的。

归纳步骤：假设在该循环的第 k 次迭代中，这个循环不变式成立。在第 $k+1$ 次迭代后， curr = cur'.next ，其中 cur' 代表第 k 次迭代后变量 cur 的值。考虑以下两种情况：

（1）在第 $k+1$ 次迭代中，当执行原子块语句 cur = cur'.next 时，节点 cur' 是可达的。显然，在执行该语句的时刻，节点 cur 也是可达的。

（2）在第 $k+1$ 次迭代中，当执行原子块语句 cur = cur'.next 时，节点 cur' 是不可达的。依据假设，节点 cur' 在第 k 次迭代中的某个时刻是可达的，所以节点 cur' 在迭代过程中从链表中被删除，且删除后的 cur' 的 next 域指向节点 cur。因为被删除的节点的 next 域不会被修改，所以删除前的 cur' 的 next 域仍然指向节点 cur。所以节点 cur 在 cur' 节点删除前一时刻是可达的。

引理 4.3.6 contain 方法在 C_1 处的 while 循环的最后一次迭代后的 cur 节点，在最后一次迭代期间，存在一个时间点使得 cur 节点在该时间点上是可达的，且 cur.val$\geq$e 和 cur'.val$<$e。其中 curr = cur'.next 。

证明：依据前面的循环不变式（引理 4.3.2）和 contain 方法 C_1 处的 while 循环的结束条件 cur.val$\geq$e 可得。

引理 4.3.7 locate 方法的 L_{12} 语句执行的时候，cur 节点从 Head 节点开始是可达的，且 cur.val$\geq$e 和 pre.val$<$e，其中 cur = pre.next 。

证明：locate 方法在 L_0 处的 while 循环的最后一次迭代中，L_{11}：!pre.m $\wedge$!cur.m $\wedge$ pre.next = cur 条件为真，所以在 L_{11} 处节点 pre 和 cur 是可达的，且 pre.next = cur。因为节点 pre 和 cur 在 L_{11} 处已经被锁保护，所以在 L_{12} 处，节点 pre 和 cur 是可达的且 pre.next = cur。

根据 locate 方法在 L_3 处的 while 循环的结束条件 cur.val≥e 可得 pre.val＜e 和 cur.val≥e。

引理 4.3.8　令 Lazy' 集合是用原子块语句 atomic$\{($pre,cur$):=$locate$(e)\}$ 替换惰性集合方法中的 $($pre,cur$):=$locate(e) 语句得到的一个集合并发数据结构。惰性集合所有完整的执行记录相对抽象集合是可线性化的，当且仅当 Lazy' 集合所有完整的执行记录相对抽象集合是可线性化的。

证明：通过类似于引理 4.3.3 的证明可得。

4.3.2.2 写方法的约简性

下面证明 Lazy' 集合中的写方法 add 和 remove 在没有读方法 contain 的干涉下是可约简的。

引理 4.3.9　在 Lazy' 集合中的 add 方法和 remove 方法任意正常终止的并发执行中，每一个方法的执行路径都是可约简的。

证明：add 方法和 remove 方法的执行路径可用如下正则表达式描述：

add= $\left(\langle A_0\rangle, A_1^-, A_6, A_7, A_8, A_9\right) \mid \left(\langle A_0\rangle, A_1^+, A_2, A_3, A_4, A_7, A_8, A_9\right)$

remove= $\left(\langle R_0\rangle, R_1^-, R_7, R_8, R_9, R_{10}\right) \mid \left(\langle R_0\rangle, R_1^+, R_2, R_3, R_4, R_5, R_8, R_9, R_{10}\right)$

其中，$\langle A_0\rangle$ 和 $\langle R_0\rangle$ 代表原子块语句 atomic$\{($pre,cur$):=$locate$(e)\}$。在 $\langle A_0\rangle$ 和 $\langle R_0\rangle$ 执行过程中，节点（pre，cur）被锁保护，因此 $\langle A_0\rangle$ 和 $\langle R_0\rangle$ 原子块是向右交换者。

在 add 方法的 $\left(\langle A_0\rangle, A_1^-, A_6, A_7, A_8, A_9\right)$ 的路径中，A_6 和 A_9 是线程的局部原子操作，依据交换性 1，它们是双向交换者。A_7 和 A_8 是释放锁的原子操作，依据交换性 4，它们是向左交换者。因为节点数据域不会被修改，依据交换性 3，A_1^- 是双向交换者。add 方法的这条路径满足样式 R^*L^*，因此是可约简的。

在 add 方法的 $\left(\langle A_0\rangle, A_1^+, A_2, A_3, A_4, A_7, A_8, A_9\right)$ 路径中，A_2、A_4、A_9

是线程的局部原子操作，依据交换性 1，它们是双向交换者。A_7、A_8 原子操作是向左交换者，A_1^- 原子操作是双向交换者（已经在 add 方法的第一条路径中证明）。A_3 左边的原子操作都是向右交换者，右边的原子操作都是向左交换者，因此 add 方法的这条路径是可约简的。

在 remove 方法的 $(\langle R_0 \rangle, R_1^+, R_2, R_3, R_4, R_5, R_8, R_9, R_{10})$ 路径中，因为节点数据域不会被修改，依据交换性 3，R_1^+ 是双向交换者。因为节点 pre 和 cur 被锁保护，它们的域不会被修改，依据交换性 2，R_2、R_3 是双向交换者。R_8 和 R_9 是释放锁的原子操作，依据交换性 4，它们是向左交换者。R_5 和 R_{10} 是线程的局部原子操作，依据交换性 1，它们是双向交换者。R_4 左边的原子操作都是向右交换者，R_7 右边的原子操作都是向左交换者，因此该条路径是可约简的。通过类似的证明可得 remove 方法的另一条路径也是可约简的。

4.3.2.3 可线性化证明

引理 4.3.10 对于 Lazy' 集合中任意正常终止的执行 π，执行记录 $H(\pi)$ 相对于抽象集合是可线性化的。

通过下面的步骤证明这个引理：①通过 Lazy' 的并发执行 π 构造出一个 Lazy' 的顺序执行 π'，使得 $H(\pi) \subseteq H(\pi')$；② Lazy' 中每一个方法的顺序执行都满足抽象集合的语义。在本书中，仅证明前者，后者可以使用顺序环境下的 Hoare 逻辑证明。

证明：对于并发执行 π，使用如下的步骤构造出一个顺序的执行 π'。

第 1 步：对于 π 中的每一个 contain 方法，在它的可达点处插入可达标志 RPoint（通过这种形式：$S \xrightarrow{\text{RPoint}} S$。其中，$S$ 表示可达点前面的这个原子操作变迁的后置状态）。

第 2 步：删除 π 中所有 contain 方法的变迁。因为 contain 方法是读方法，不修改共享状态，所有删除它们不会影响其他操作的执行。为引用方便，通过这步转换后，称这个新的执行为 β。

第 3 步：在 add 方法和 remove 方法中，能够改变节点元素可达性的原子动作是 A_3 和 R_4，其他原子操作并不会改变节点元素的可达性。因此除 A_4 和 R_4 外，方法中其他的原子操作既可以向右也可以向左和 RPoint 标志交换，交换后，在每一个 RPoint 标识处，它对应的 contain 方法在此处依然可达。依据引理 4.3.9，通过交换操作，可把 β 转换成 γ，使得在 γ 中每一个 remove 方法和 add 方法都是顺序的执行，并且在每一个可达标志 RPoint 处，它对应的 contain 方法在此处依然可达。

第 4 步：通过如下方式把并发执行 π 中的 contain 方法插入执行 γ 而获得一个顺序执行 π'。

如果在 π 中的 contain 方法读到 cur.m（在 C_6 处）的值为 false，则在 contain 方法对应的可达点处插入该方法（也就是用 $S \xrightarrow{\text{contain}(e)} S$ 的变迁取代可达标志的变迁 $S \xrightarrow{\text{RPoint}} S$）。在这种情况下，如果 cur.val = e，那么在 π 中 contain 方法返回 true，否则返回 false。根据构造的过程，每一个可达标志的可达性不会改变。因此，在 π 中每一个 contain 方法和在 π' 中对应的 contain 方法的返回值是相同的。

如果在 π 中的 contain 方法读到 cur.m（在 C_6 处）的值为 true，contain 方法总是返回 false，考虑以下两种情形：

（1）cur.val > e。

在这种情况下，在 contain 方法对应的可达点处插入该方法。显然，这个 contain 方法将返回 false。

（2）cur.val = e。

因为 cur.m = true，在可达标识后，存在一个 remove 方法将节点 cur 移除。在这个 remove 方法执行后插入 contain 方法（也就是在 remove 方法的最后一个原子操作之后立即插入 $S \xrightarrow{\text{contain}(e)} S$ 变迁，其中 S 是这个原子操作变迁的后置状态）。因为节点 cur 被移除，所以这个 contain 方法的顺序执行返回 false。

通过上述转换，π' 是 Lazy' 的一个顺序执行，其中的每一个方法

都和 π 中的方法有相同的实参和返回值，且不会违反 π 中方法的先于关系。因此 $H(\pi) \subseteq H(\pi')$。

根据引理 4.3.8 和引理 4.3.10 可得，基于惰性链表的集合相对抽象集合是可线性化的。

4.4 基于双路径的抽象约简

本节把基于单路径的抽象约简的验证方法扩展到双路径中，并证明这个方法的合理性，最后应用这个方法验证 HSY 并发栈。

4.4.1 基于双路径的抽象约简方法

对于一些并发栈，如 HSY 栈、时间戳栈，使用抵消机制作为一项关键的优化。Moir 等人也将抵消机制应用到并发队列的优化中。抵消机制的核心思想是如果两个方法执行完成后，不改变数据结构的共享状态，那么抵消机制允许交错运行的这两个方法相互抵消，而不用访问共享的数据结构。一个被抵消的方法总是受到另一个被抵消的方法的干涉，因此单个被抵消的方法的路径是不可能约简的。基于双路径的抽象约简的基本思路是把两条相互干涉的路径放在一起考虑。直观地讲，两条路径是可抽象约简的，如果在任何一次执行中通过交换操作，这两条路径都能转换成一个连续的执行（两条路径可以交错，但不与其他路径交错），并且这个连续的执行满足对应方法顺序执行的语义。

定义 4.4.1（基于双路径的抽象约简）　假设并发数据结构 Z、它的规约 A 和两者的抽象函数 AF。对于 Z 的一个并发执行 π 中的两个方法 M_1 和 M_2，设 U_1 和 U_2 分别是 M_1 和 M_2 方法的执行路径。令 D 是 $TR(\pi)$ 路径中由 U_1 和 U_2 路径中的原子操作构成的子序列。使用

$(\sigma_z,\mathrm{in}_1,\mathrm{in}_2)D(\sigma_z',\mathrm{ret}_1,\mathrm{ret}_2)$ 表示路径 D 的一个顺序执行，其中 σ_z 为 Z 的初始状态，in_1 和 in_2 分别是 M_1 和 M_2 两个方法的实参，σ_z' 为 Z 的终止状态，ret_1 和 ret_2 分别是 M_1 和 M_2 两个方法的返回值。U_1 和 U_2 相对规约 A 在抽象函数 AF 映射下是可抽象约简的，当且仅当：

（1）在任何执行中，通过交换操作，D 中的原子操作能够转换成连续的执行；

（2）对于任意良形的状态 σ_z，M_1 方法任意的实参 in_1，M_2 方法任意的实参 in_2，如果 $(\sigma_z,\mathrm{in}_1,\mathrm{in}_2)D(\sigma_z',\mathrm{ret}_1,\mathrm{ret}_2)$，那么存在一个 A 的状态 σ_a 使得：

$$\mathrm{RF}(M_1)\big(\mathrm{AF}(\sigma_z),\mathrm{in}_1\big)=(\sigma_a,\mathrm{ret}_1)\ \mathrm{RF}(M_2)(\sigma_a,\mathrm{in}_2)=\big(\mathrm{AF}(\sigma_z'),\mathrm{ret}_2\big),$$

或者

$$\mathrm{RF}(M_2)\big(\mathrm{AF}(\sigma_z),\mathrm{in}_2\big)=(\sigma_a,\mathrm{ret}_2)\ \mathrm{RF}(M_1)(\sigma_a,\mathrm{in}_1)=\big(\mathrm{AF}(\sigma_z'),\mathrm{ret}_1\big)。$$

第一个条件说明路径 D 作为一个整体是可约简的，第二个条件说明路径 D 的顺序执行满足对应的两个抽象操作顺序执行的语义。

定理 4.2.1（双路径抽象约简的合理性） 如果并发数据结构 Z 的每一个方法中的每一条路径相对规约 A 在抽象函数 AF 映射下是可抽象约简的，那么 Z 的每一条完整的执行记录相对规约 A 在抽象函数 AF 映射下都是可线性化的。

为简化表示，用 $(a)\overset{\mathrm{op,in,ret}}{\rightarrow}(a')$ 表示规约 A 的操作 op 的一个顺序执行。其中 a 和 a' 分别是执行的初始状态和终止状态，in 为方法的实参，ret 为方法完成时的返回值。

证明：

（1）假设 Z 的任意一个从良形的初始状态 (z,ϕ) 开始的正常终止的执行 π_z，(z',u') 为执行的终止状态。若要证明定理成立，则需证明存在 A 的一次执行 π_a 使得 $H(\pi_z)\subseteq H(\pi_a)$。

证明：根据可线性化的定义可得。

（2）通过原子操作的交换，π_z 执行可转换成下面的执行：

$$\pi_z{}^R = (z, \phi) \xrightarrow{I_0} (z_0{}', u_0{}') \xrightarrow{M^{R_1}_{op_1(op_{1'})}} (z_1, u_1) \rightarrow (z_1{}', u_1{}') \cdots\cdots (z_{n-1}{}', u_{n-1}{}') \xrightarrow{M^{R_n}_{op_n(op_{n'})}} (z_n, u_n)$$
$$\xrightarrow{I_n} (z', u')$$

其中，对于 $1 \leqslant i \leqslant n$，$I_i$ 代表不改变 A 的抽象状态和方法形参的子路径。如果操作 op_i 是单路径可约简的，那么 $M^{R_i}_{op_i(op_{i'})}$ 表示操作 op_i 的基本路径；如果操作 op_i 是双路径可约简的，那么 $M^{R_i}_{op_i(op_{i'})}$ 表示操作 op_i 和它对应的操作 $op_{i'}$ 构成的路径。为简化证明，如果 op_i 是可双路径约简的，规定 op_i 对应的抽象方法在 $op_{i'}$ 对应的抽象方法前面执行。

证明：如果操作 op 是单路径可约简的，那么它的执行路径满足样式 $I \wedge R \wedge I'$，其中 R 为基本路径，能够通过原子操作的交换操作转换成连续的执行。如果操作 op 是双路径可约简的，那么操作 op 和它对应的操作 op' 能够作为一个整体，通过原子操作的交换操作变成连续执行。

（3） $H(\pi_z) \subseteq (\pi_z{}^R)$

证明：根据 $\pi_z{}^R$ 的构造过程可得，$\forall t, H(\pi z) \lceil t = H(\pi z^R) \lceil t$ 和 $\pi_z{}^R$ 保持了 π_z 中操作的先于关系。

（4）对于每一个 $1 \leqslant i \leqslant n$，用 in_i 和 ret_i 分别表示在 $\pi_z{}^R$ 中的操作 op_i 的参数和返回值，用 $in_{i'}$ 和 $ret_{i'}$ 分别表示在 $\pi_z{}^R$ 中的操作 $op_{i'}$（如果有）的参数和返回值。存在 A 的状态 $a_0, \cdots, a_n$，使得 $\pi_a = (a_0)$

$$\xrightarrow{\langle RF(op_1), in_1, ret_1, (RF(op_{1'}), in_{1'}, ret_{1'})^?} (a_1), \cdots, (a_{n-1}) \xrightarrow{\langle RF(op_n), in_n, ret_n, (RF(op_{n'}), in_{n'}, ret_{n'})^?} (a_n)$$

是 A 的一个可行的执行，且 $H(\pi_z{}^R) \subseteq H(\pi_a)$。其中如果 op 是单路径可约简的，则 $(a) \xrightarrow{\langle RF(op), in, ret, (RF(op'), in', ret)^?} (a')$ 表示执行

$(a) \xrightarrow{RF(op), in, ret} (a')$。如果 op 是双路径可约简的，那么它表示执行 $(a) \xrightarrow{RF(op), in, ret'} (a'') \xrightarrow{RF(op'), in', ret'} (a')$。

①对于每一个 $1 \leqslant i \leqslant n$，令 $a_0 = \mathrm{AF}(z)$，$a_i = \mathrm{AF}(z_i)$，那么 π_a 是一个可行的执行。

证明：①因为在 I_0 中的原子操作不会改变抽象状态，所以 $\mathrm{AF}(z_{0'}) = \mathrm{AF}(z) = a_0$。② 根据 $(z_{0'}, u_{z0}') \xrightarrow{M_{\mathrm{op1(op1')}}^{R1}} (z_1, u_{z1})$，如果 op_1 是单路径可约简的，可得 $\mathrm{RF}(\mathrm{op}_1)(\mathrm{AF}(z_{0'}), \mathrm{in}_1) = (\mathrm{AF}(z_1), \mathrm{ret}_1)$。③如果 op_1 是双路径可约简的，可得存在 A 的一个状态 a'，使得 $\mathrm{RF}(\mathrm{op}_1)(\mathrm{AF}(z_{0'}), \mathrm{in}_1) = (a', \mathrm{ret}_1)$ 和 $\mathrm{RF}(\mathrm{op}_{1'})(a', \mathrm{in}_{1'}) = (\mathrm{AF}(z_1), \mathrm{ret}_{1'})$。

根据 ① 和 ② 可得 $\mathrm{RF}(\mathrm{op}_1)(a_0, \mathrm{in}_1) = (a_1, \mathrm{ret}_1)$，其中，$a_1 = \mathrm{AF}(z_1)$。根据 ① 和 ③ 可得 $\mathrm{RF}(\mathrm{op}_1)(a_0, \mathrm{in}_1) = (a', \mathrm{ret}_1)$ 和 $\mathrm{RF}(\mathrm{op}_{1'})(a', \mathrm{in}_{1'}) = (a_1, \mathrm{ret}_{1'})$ 其中，$a_1 = \mathrm{AF}(z_1)$。因此，变迁 $(a_0) \xrightarrow{\acute{\mathrm{a}}\mathrm{RF}(\mathrm{op}_1), \mathrm{in}_1, \mathrm{ret}_1, (\mathrm{RF}(\mathrm{op}_{1'}), \mathrm{in}_{1'}, \mathrm{ret}_{1'})^?} (a_1)$ 是可以执行的。通过类似的证明可得，对于每一个 $1 < i \leqslant n$，$(a_{i-1}) \xrightarrow{\acute{\mathrm{a}}\mathrm{RF}(\mathrm{op}_i), \mathrm{in}_i, \mathrm{ret}_i, (\mathrm{RF}(\mathrm{op}_{i'}), \mathrm{in}_{i'}, \mathrm{ret}_{i'})^?} (a_i)$ 是可以执行的。

② $H(\pi_z^R) \subseteq H(\pi_a) \sqsubseteq$。

证明：根据 π_a 的构造过程可得。

③证毕。

证明：根据（4）中的①和②可得。

（5）证毕。

证明：根据（3）（4）和性质 2.4.1（可线性化关系的传递性）可得 $H(\pi_z) \subseteq H(\pi_a)$。

4.4.2 验证 HSY 栈

图 4-8 展示了 HSY 栈的代码，栈中的元素存储在由栈顶指针 S 指向的一个单链表中。loc 是一个共享数组，其中的每一个元素都对应一个线程，存储的是 Tinfo 的一个实例（称为线程描述者）。每一个线程描述者拥有三个域，分别是 id、opname 和 value。其中 id 用来

表示线程的 ID 号。opname 用来表示线程调用操作的类型：push 或 pop。对于 value，如果线程操作的类型是 push，则它表示该操作的实参；如果线程操作的类型是 pop，则它用来接收该操作的返回值。因为线程描述者和线程的操作是一一对应的关系，线程描述者和线程的操作这些术语在上下文无歧义的情况下可交换使用。TryStackOp 方法和 Treiber 栈的方法类似，可尝试使用 cas 指令去更新栈顶指针 S，以完成 push 或 pop 操作。

```
class Tinfo{                          L₁₆        return; }  }
int id; \\thread id                   L₁₇ if (!cas(&loc[p.id], p, null)) {
Oname op; \\ push or pop              L₁₈        FinishColl(p);
int value;                            L₁₉        return;} } }
}                                     bool TryColl(Tinfo p, q){
class Stack{                          local b;
Node S;                               T₁ if (p.op = =PUSH) {
Tinfo  loc [1 ... Tnum ];             T₂        b:=(cas(&loc[q.id], q, p))}
... \\ definitions of methods         T₃ else if (p.op = =POP) {
}                                     T₄        b:=(cas(&loc[q.id], q, null))
void StackOp(Tinfo p) {               T₅        if(b)
L₁ local him, q;                      T₆        p.value := q.value;}
L₂ while (true) {                     T₇ return b;}
L₃     if (TryStackOp(p))             void FinishColl(Tinfo p){
L₄     return;                            F₁  if (p.op = =POP)
L₅     loc[p.id] := p;                    F₂  p.value := loc[p.id].value;
L₆     him := rand( );                    F₃  loc[p.id] := null;}
L₇     q := loc[him];                     void PUSH(int v) {
L₈ if (q≠null ∧q.id=him ∧q.op≠p.op) {     U₁  Tinfo p := cons(pid, PUSH, v);
L₉         if (cas(&loc[p.id], p, null)){ U₂  StackOp(p);
L₁₀            if (TryColl(p, q))         }
L₁₁            return;                    int POP() {
L₁₂            else                       O₁  Tinfo p := cons(pid, POP, 0);
L₁₃            continue;}                 O₂  StackOp(p);
L₁₄        else {                         O₃  return p.value;
L₁₅            FinishColl(p);             }
```

图 4-8　HSY 栈的代码

在 U_1 / O_1 处，一个 push / pop 操作的线程描述者被创建，然后这个 push / pop 操作首先调用 TryStackOp 方法尝试完成操作。如果 TryStackOp 成功完成栈顶指针 S 的更新，则这个 push / pop 操作返回 true；如果 TryStackOp 方法对栈顶指针 S 的更新失败，那么这个 push / pop 操作将尝试和另一个操作 pop / push 相抵消的方式来完成操作。这个相抵消的过程描述如下：

这个操作 p 首先在数组 loc 中存储它的线程描述者（L_5），从而其他的操作能够选择与它相抵消。然后操作 p 随机选择一个操作 q（L_6、L_7），并尝试与它抵消来完成操作。如果 p 和 q 操作满足 L_8 和 L_9 处给出的条件，那么 p 操作通过调用 TryColl 方法（L_{10}）去完成抵消操作。如果 TryColl 操作成功完成抵消，p 操作完成并返回；否则，p 将重新执行 StackOp 方法（L_{12}）来完成抵消操作。如果操作 p 在 L_9 或 L_{17} 处的 cas(&loc[p.id],p,null) 指令失败，则意味着操作 p 被其他操作抵消掉了。在这种情况下，p 操作通过调用 L_{15} 或 L_{18} 处的 FinishColl 方法来完成操作并返回。

本书采用来自文献 [83] 的术语，如果一个入栈或出栈操作通过调用 TryStackOp（L_3，L_4）方法成功地完成栈顶指针 S 的更新并返回，则称为一个普通的操作。如果一个入栈或出栈操作通过调用 TryColl 或 FinishColl 方法成功地完成共享数组 loc 的更新并返回，则称为一个碰撞型的操作。碰撞型的操作又分主动型的碰撞操作和被动型的碰撞操作。如果一个碰撞型的操作在 T_2 或 T_4 处执行了一个成功的 cas 操作，则称为一个主动型的碰撞操作。如果一个碰撞型的操作在 L_9 或 L_{17} 处执行了一个失败的 cas 操作，则称为一个被动型的碰撞操作。

4.4.2.1 执行路径及纯化转换

栈的基于序列的模型规约已前述在 4.2.3.1 小节展示，抽象函数将 HSY 栈映射成单链表中从头节点起到尾节点的数据域构成的序列。下面给出入栈和出栈操作的执行路径表达式。用 L_3^+ / L_3^- 表示方法 TryStackOp 返回 true/false 时的执行路径，用 L_{10}^+ / L_{10}^- 表示方法 TryColl 返回 true/false 时的执行路径。令 $P_0 = (L_3^-, L_5, L_6, L_7)$，StackOp 方法中的 while 循环迭代的路径可分为以下四类：

（1）不修改共享状态，且失败完成操作的迭代路径：

$$- \ P_1 = P_0^{\frown}\left(L_8^-, L_{17}^-\right)$$

$$- \ P_2 = P_0^{\frown}\left(L_8^+, L_9^+, L_{10}^-\right)$$

（2）完成一个普通型操作的迭代路径：

$$- \ P_3 = \left(L_3^+, L_4\right)$$

（3）完成一个被动型操作的迭代路径：

$$- \ P_4 = P_0^{\frown}\left(L_8^-, L_{17}^+, L_{18}\right)$$

$$- \ P_5 = P_0^{\frown}\left(L_8^+, L_9^-, L_{15}\right)$$

（4）完成一个主动型操作的迭代路径：

$$- \ P_6 = P_0^{\frown}\left(L_8^+, L_9^+, L_{10}^+\right)$$

push 操作的执行路径可以用如下正则表达式描述：

$$\text{PUSH} = (U_1)^{\frown}(P_1 | P_2)^{*\frown}(P_3 | P_4 | P_5 | P_6)$$

pop 操作的执行路径可以用如下正则表达式描述：

$$\text{POP} = (O_1)^{\frown}(P_1 | P_2)^{*\frown}(P_3 | P_4 | P_5 | P_6)^{\frown}(O_3)$$

$(P_1 | P_2)^*$ 是不改变共享状态的迭代路径，它们是纯代码段。通过删除这个纯代码段，分别得到如下 push 和 pop 操作的执行路径表达式：

$$\text{PUSH}' = (U_1)^{\frown}(P_3 | P_4 | P_5 | P_6)$$

$$\text{POP}' = (O_1)^{\frown}(P_3 | P_4 | P_5 | P_6)^{\frown}(O_3)$$

4.4.2.2 证明路径的约简性

引理 4.4.1　任何普通型操作的执行路径都是可抽象约简的。

证明：push 和 pop 的普通型操作的执行路径分别是 $(U_1)^{\frown}P_3$ 和 $(O_1)^{\frown}P_3^{\frown}(O_3)$。类似于 Treiber 栈的可约简性证明，通过基于单路径的抽象约简方法可以证明它们是可抽象约简的。

下面证明对于一对碰撞型的入栈和出栈操作，能通过基于双路径的抽象约简方法证明它们是可约简的。

性质 4.4.1　对于一个主动型的入栈 / 出栈操作，有且仅有一个被动型的出栈 / 入栈操作和它抵消。

证明：本引理来自文献 [83] 的引理 5.9。

性质 4.4.2　在任何执行中，如果操作 p 在 L_9 处使用 cas $(\&loc[p.id], p, null)^+$ 指令成功更新了 $loc[p.id]$，那么在该执行中，没有其他线程修改 $loc[p.id]$。

证明：如果其他线程在 $cas(\&loc[p.id], p, null)^+$ 指令执行前修改了 $loc[p.id]$，那么在 $cas(\&loc[p.id], p, null)^+$ 指令执行的时候，$loc[p.id]$ 的值将不会等于 p。因此在 $cas(\&loc[p.id], p, null)^+$ 指令执行前，没有其他线程修改 $loc[p.id]$。其他线程仅在 $loc[p.id] = p$ 的条件下才能修改 $loc[p.id]$。因此在 $cas(\&loc[p.id], p, null)^+$ 指令执行后，没有其他线程修改 $loc[p.id]$。

性质 4.4.3　在任何执行中，如果操作 p 在 T_2 处使用 $cas(\&loc\ [q.id], q, p)^+$ 指令成功更新了 $loc[q.id]$，或在 T_4 处使用 cas $(\&loc[q.id], q, null)^+$ 指令成功更新了 $loc[q.id]$，那么在该执行中，除 q 操作外，没有其他操作能修改 $loc[p.id]$。

证明：通过类似于性质 4.4.2 的证明可得。

引理 4.4.2　一个主动型的入栈 / 出栈操作的路径和它对应的被动型的出栈 / 入栈操作的路径都是可抽象约简的。

证明：在碰撞型的操作中，主动型的入栈操作的路径是 $(U_1)^{\smallfrown} P_6$，主动型的出栈操作的路径是 $(O_1)^{\smallfrown} P_6^{\smallfrown} (O_3)$，被动型的入栈操作的路径是 $(U_1)^{\smallfrown} (P_4 \mid P_5)$，被动型的出栈操作的路径是 $(O_1)^{\smallfrown} (P_4 \mid P_5)^{\smallfrown} (O_3)$。现在证明一个主动型的入栈操作和它对应的被动型的出栈操作的路径是可抽象约简的，其他的情况证明过程类似。这个主动型的入栈操作的路径和它对应的被动型的出栈操作的路径分别用如下表达式表示：

$$\text{Apush} = \left(U_1, L_3^-, L_5, L_6, L_7, L_8^+, L_9^+, T_1, T_2^+\right)$$

$$\text{Ppop} = \left(O_1, L_3^-, L_5, L_6, L_7, L_8^-, L_{17}^+, F_1, F_2, F_3, O_3\right)$$

在主动型的入栈操作的路径 Apush 中，L_3^- 是一个失败的 TryStackOp 操作，其原子操作并不修改共享的状态，且被 L_3^- 修改的局部变量在 L_3^- 之后就不再使用了，因此 L_3^- 是一个纯代码段。通过删除这个纯代码段，得到如下路径表达式：

$$\text{Apush'} = \left(U_1, L_5, L_6, L_7, L_8^+, L_9^+, T_1, T_2^+\right)$$

路径 Apush' 中，U_1、L_6 和 T_1 是局部的原子操作，根据交换性 1 可得它们是双向交换者。根据性质 4.4.2 和交换性 2，L_5 和 L_9^+ 原子操作是可双向交换者。因为在 T_2^+ 处，$loc[q.id] = q$，所以 $loc[q.id]$ 在 L_7 到 T_2^+ 期间没有被修改。因此根据交换性 3，L_7 和 L_8^+ 原子操作是向右交换者。T_2^+ 是非交换者，它左边的原子操作是向右交换者，它右边的原子动作是向左交换者，因此路径 Apush' 是可约简的。

Ppop 路径中的 $\left(L_6, L_7, L_8^-\right)$ 段的作用是一个被动型的出栈操作选择一个入栈操作和它抵消。在实际运行中，这个被动型的出栈操作被另一个入栈操作抵消。这个段是一个纯代码段，删除纯代码段不会影响被动型出栈操作的执行。通过删除这个纯代码段，得到如下路径表达式：

$$\text{Ppop'} = \left(O_1, L_5, L_{17}^+, F_1, F_2, F_3, O_3\right)$$

在 Ppop' 中，O_3 是一个局部原子操作，根据交换性 1 可得它是可双向交换者。因为在 L_{17}^+ 处，$loc[p.id] \neq p$，所以 $loc[p.id]$ 在 L_5 到 L_{17}^+ 期间被其他线程修改。因此是 Apush' 中的 T_2^+ 操作在 L_5 到 L_{17}^+ 期间修改了出栈操作的 $loc[p.id]$。根据性质 4.4.3 可得，O_1 和 L_5 原子操作可向左移动到 T_2^+，L_{17}^+，F_1，F_2 和 F_3 原子操作可向右移动到 T_2^+。

在任何一个生成 Apush 和 Ppop 路径的执行 π 中，令 D 为一个由 Apush' 和 Ppop' 中原子操作构成的 π 的一个子序列。在路径 D 中，T_2^+ 左边的原子操作是向右交换者，右边的原子操作是向左交换者，因此通过与其他原子操作的交换，路径 D 中的原子操作可以转换成连续的执行。对于任何 D 的一个顺序执行，出栈操作的返回值就是入栈操作的实际参数，且执行不会修改栈的共享状态。显然，这个顺序执行满足一个抽象的入栈操作连接一个抽象的出栈操作顺序执行的语义。

4.5　验证封装扩展的并发数据结构

4.5.1　并发数据结构的封装扩展

编写并发程序是一项困难的工作。许多主流的程序语言都提供并发库以减轻编程者的负担。然而，有时候库中并发数据结构提供的方法不能满足客户的需求，客户需要增加新的方法以实现特定的功能。本节研究一种并发数据结构广泛应用的扩展方法——封装扩展（encapsulated extensions），它不增加新的共享变量，仅通过新增方法来扩展原来的数据结构，且要求新增的方法不直接访问数据结构的共享状态，而是仅通过数据结构原来提供的方法访问。

假设 D 是一个并发数据结构，ED 是由 D 封装扩展而得到的一个数据结构。把 D 中的方法称为核心方法，假设 D 中有核心方法 $DM_1……DM_n$，ED 中新增方法有 $EDM_1,\cdots,EDM_n$。假设 D 相对于规约 A 是可线性化的，设 A' 由 A 和 ED 新增的方法的规约构成的抽象模型。对于 ED 的每一个新增的方法 EDM_i，它调用的核心方法用相对应的抽象方法（在 A 中定义）代替后形成的方法 EAM_i。设 EA 是一个由 A 和 $EAM_i,\cdots,EAM_n$ 方法构成的数据结构。

下面的定理要验证基于封装扩展的并发数据结构 ED 的可线性化，

可验证由抽象方法代替后生成的并发数据结构 EA 的可线性化，显然验证后者要比验证前者容易得多。在先前的验证封装扩展的并发数据结构可线性化研究中，直接使用了这个结论，而没有给出形式化的证明。

定理 4.5.1　如果 EA 相对于规约模型 A' 是可线性化的，那么 ED 相对于规约模型 A' 也是可线性化的。

证明：

（1）对于 ED 的任意一个并发调用（为简化讨论，假设每个线程仅调用一次 ED 中的方法），$M_1(v_1)\|\cdots\|M_n(v_n)\|EM_1(ev_1)\cdots\|EM_n(ev_n)$ 的任意终止执行 π。其中，$1\leqslant i\leqslant n$，$M_i\in\{DM_1,\cdots,DM_n\}$，$EM_i\in\{EDM_1,\cdots,EDM_n\}$，存在 A' 的顺序且终止的执行 γ 使得 $H(\pi)\subseteq H(\gamma)$。

①构造如下的一个程序 $P(ED)$：$x_1=v_1;y_1=M_1(v_1)\|\cdots\|x_n=v_n;$ $y_n=M_n(v_n)\|ex_1=ev_1;ey_1=EM_1(ev_1)\|\cdots\|ex_n=ev_n;ey_n=EM_n(ev_n)$。令 σ_c 和 σ_z 分别是客户端程序和 Z 的初始状态。称 $x_i=v_i$ / $ex_i=ev_i$ 为方法 $M_i(v_i)$ / $EM_i(v_i)$ 的调用标志动作。存在 $P(ED)$ 从初始状态 (σ_c,σ_z) 的一个执行 π' 使得 $H(\pi)=H(\pi')$。

证明：π' 的路径可以按如下方式获得。

在路径 π 中的每一个方法 M_i 方法调用之前立即插入 $x_i=v_i$；M_i 返回动作之后立即插入 $y_i=ret_i$，其中 ret_i 是指方法 M_i 的返回值。同样地，在路径 π 中的每一个 EM_i 方法调用之前立即插入 $ex_i=ev_i$，EM_i 返回动作之后立即插入 $ey_i=eret_i$，其中 $eret_i$ 是指方法 EM_i 的返回值；显然，π' 是可执行的。

②在 π' 中，对于任意两个方法 m_i 和 m_j，如果 $m_i<m_j$，那么 m_i 的返回值赋值动作一定在 m_j 调用标志动作之前。例如，如果 m_i、m_j 是两个非扩展的方法，那么 $m_i\prec_o m_j\Rightarrow y_i=ret_i\prec x_j=v_j$。

证明：依据 π' 的构造过程。

③考虑程序 $P(EA)$：$x_1=v_1;y_1=M_{1'}(v_1)\|\cdots\|x_n=v_n;y_n=M_{n'}(v_n)$

$\| ex_1 = ev_1 ; ey_1 = EM_{1'}(ev_1) \| \cdots \| ex_n = ev_n ; ey_n = EM_{n'}(ev_n)$，其中 $M_{i'}$、$EM_{i'}$ 分别指方法 M_i、EM_i 的规约。存在 $P(EA)$ 的一个执行 γ'，使得 γ' 和 π' 有相同的由返回值赋值动作和方法调用标志动作构成的序列。

证明：$P(ED)$ 和 $P(EA)$ 可分别视为客户端调用 D 和 A 的程序，即 $P'(D)$ 和 $P'(A)$。由 $P'(D)$ 和 $P'(A)$ 观察等价可得。

④ $H(\pi') \subseteq H(\gamma')$。

a. $\forall t.H(\pi')\lceil t = H(\gamma')\lceil t$。

证明：根据③，在 π' 中每一个方法 M_i / EM_i 返回值和 γ' 中的方法 M_i' / EM_i' 返回值相同。

b. 对于在 π' 中的两个操作 op_1 和 op_2 和在 γ' 中对应的操作 $op_{1'}$ 和 $op_{2'}$，$op_1 \prec_o op_2 \Rightarrow op_{1'} \prec_o op_{2'}$。

证明：考虑 op_1 和 op_2 是两个非新增操作的情况，其他情况，证明过程类似。假设 op_1 和 op_2 分别为方法 $M_i(v_i)$ 和 $M_j(v_j)$。根据③，$M_i \prec_o M_j \Rightarrow y_i = ret_i \prec x_j = v_j$。根据④，在 γ' 中，同样 $y_i = ret_i \prec x_j = v_j$。显然，$M_i'(v_i)$ 在 $y_i = ret_i$ 之前完成，而 $M_j'(v_j)$ 在 $x_j = v_j$ 之后调用，所以 $M_i' \prec_o M_j'$。

c. 证毕。

证明：根据④中的 b、c 和线性化关系的定义可得。

⑤证毕。

证明：EA 相对于 A' 是可线性化的，存在 A' 的顺序且终止的执行 γ 使得 $H(\gamma') \subseteq H(\gamma)$。由 1.2 可得 $H(\pi) = H(\pi')$。根据 1.4 可得，$H(\pi') \subseteq H(\gamma')\theta$。由可线性化关系的传递性可得 $H(\pi) \subseteq H(\gamma)$。

（2）对于 ED 的任意一个并发调用（同样假设每个线程仅调用一次 ED 中的方法），$M_1(v_1)\| \cdots \| M_n(v_n)\| EM_1(ev_1) \cdots \| EM_n(ev_n)$ 产生不完整执行记录的执行 β，其中 $1 \leqslant i \leqslant n$，$M_i \in \{DM_1, \cdots, DM_n\}$，$EM_i \in \{EDM_1, \cdots, EDM_n\}$，存在 A' 的顺序且终止的执行 ξ 和一条完整的执行记录 $h_c \in \mathrm{Compl}(H(\beta))$ 使得 $h_c \subseteq H(\xi)$。

①构造如下一个程序 $K(ED)$：$x_1 = v_1; y_1 = M_1(v_1) \| \cdots \| x_n = v_n;$ $y_n = M_n(v_n) \| ex_1 = ev_1; ey_1 = EM_1(ev_1) \| \cdots \| ex_n = ev_n; ey_n = EM_n(ev_n) \| s_{abort}\circ$ 同样地，称 $x_i = v_i$ / $ex_i = ev_i$ 为方法 $M_i(v_i)$ / $EM_i(v_i)$ 的调用标识动作。s_{abort} 为导致执行错误的原子语句，存在 $K(ED)$ 的一个执行 β' 使得 $H(\beta) = H(\beta')$。

证明：β' 的路径可以按如下方式获得。

在路径 β 中的每一个被调用的方法 M_i 调用之前立即插入 $x_i = v_i$，在每一个已返回的方法 M_j 的返回之后立即插入 $y_j = ret_j$，其中 ret_j 是指方法 M_j 的返回值。同样地，在路径 β 中的每一个被调用的方法 EM_i 调用之前立即插入 $ex_i = ev_i$，在每一个已返回的方法 EM_j 的返回之后立即插入 $ey_j = eret_j$，其中 $eret_j$ 是指方法 EM_j 的返回值。在路径 β 的后面加入 s_{abort}。如果 β 是无限的一条路径，只要截取它的一个前缀，产生与 β 相同的执行记录即可。显然，β' 是可执行的。

②在 β' 中，对于任意两个方法 op_i 和 op_j，如果 $op_i \prec_o op_j$，那么 op_i 的返回值赋值动作一定在 op_j 调用标志动作之前。例如，如果 m_i、m_j 是两个非扩展的方法，那么 $m_i \prec_o m_j \Rightarrow y_i = ret_i \prec x_j = v_j$。

证明：依据 β' 的构造过程可得。

③考虑程序 $K(EA)$：$x_1 = v_1;$ $y_1 = M_{1'}(v_1) \| \cdots \| x_n = v_n; y_n = M_{n'}$ $(v_n) \| ex_1 = ev_1;$ $ey_1 = EM_{1'}(ev_1) \| \cdots \| ex_n = ev_n; ey_n = EM_{n'}(ev_n) \| s_{abort}$，其中 $M_{i'}$ 和 $EM_{i'}$ 分别指方法 M_i 和 EM_i 的规约。存在 $P(EA)$ 的一个执行 ς，使得 ς 和 β' 有相同的由返回值赋值动作和方法调用标志动作构成序列。

证明：$K(ED)$ 和 $K(EA)$ 可分别视为客户端调用 D 和 A 的程序，即 $K'(D)$ 和 $K'(A)$。由 $K'(D)$ 和 $K'(A)$ 观察等价可得。

④如果一个方法在 β' 中完成执行，那么对应的方法在 ς 中也可完成执行；如果一个方法在 β' 中未被调用，那么对应的方法在 ς 中也未被调用。如果一个方法在 β' 中未完成执行，那么对应的方法在 ς 中可能完成执行，也

可能为未完成执行，还可能未被调用。对于在 β' 中的两个完成的操作 op_1 和 op_2，以及在 ξ' 中对应的操作 $\text{op}_{1'}$ 和 $\text{op}_{2'}$，$\text{op}_1 \prec_o \text{op}_2 \Rightarrow \text{op}_{1'} \prec_o \text{op}_{2'}$。

证明：根据③，类似于④中的 b 的证明可得。

⑤证毕。

证明：EA 相对于 A' 是可线性化的，存在 A' 的顺序且终止的执行 ξ 和一条完整的执行记录 $h_c \in \text{Compl}(H(\xi))$，使得 $h_c' \subseteq H(\xi)$。按如下规则构造一条完整的执行记录 $h_c \in \text{Compl}(H(\beta'))$：对于在 $H(\beta')$ 中的待响应的调用事件，如果这个方法不在 h_c 中，那么就删除这个待响应的调用事件；否则加上 h_c 中和该方法对应的返回事件。根据 2.4 节可得 $h_c \subseteq h_c'$。由可线性化关系的传递性可得 $h_c \subseteq H(\xi)$。

（3）证毕。

证明：根据（1）和（2）可得。

EA 中的方法有两类：一类是 A 中的原子方法，另一类是扩展方法 $EAM_1 \ldots EAM_n$。第一类显然是可约简的，EA 的可线性化取决于扩展的方法是否是可约简的。依据上面的定理 4.5.1，得到下面的推论。

如果每一个 EAM_i 方法的每一条路径相对于抽象模型 A' 是可抽象约简的，那么 ED 相对于抽象模型 A' 是可线性化的。

4.5.2 验证一个封装扩展的哈希表

哈希表的抽象代表是一个哈希函数，映射关键字（keys）到值（values）。一个哈希表 ConcurrentHashMap 类的部分方法如下：

```
class ConcurrentHashMap{
Value get(Key k){ … }
void put(Key k,Value v){ … }
Value putIfAbsent(Key k,Value v){ … }
boolean replace(Key k,Value v,Value v){ … }}
```

其中部分方法的规约定义如下：

$$\text{get}\big(m,(k)\big) = \begin{cases} (m,v), m(k) = v; \\ (m,\text{null}), k \notin \text{dom}(m); \end{cases}$$

$$\text{put}\big(m,(k,v)\big) = \begin{cases} \big(m[k \mapsto v], u\big), m(k) = u; \\ \big(m[k \mapsto v], \text{null}\big), k \notin \text{dom}(m); \end{cases}$$

$$\text{replace}\big(m,(k,v_1,v_2)\big) = \begin{cases} \big(m[k \mapsto v_2], \text{true}\big), m(k) = v_1; \\ (m, \text{false}), m(k) \neq v_1 \vee k \notin \text{dom}(m); \end{cases}$$

$$\text{putIfAbsent}\big(m,(k,v)\big) = \begin{cases} (m,u), \quad m(k) = u \\ \big(m[k \mapsto v], \text{null}\big), \quad k \notin \text{dom}(m) \end{cases}$$

其中，$m[k \mapsto v]$ 表示一个除在自变量 k 外与 m 相同的函数，在 k 处，该函数映射的值为 v。对于 get(k) 方法，如果函数在 k 处有定义，返回 $m(k)$；否则返回 null。

　　用 put(k,v) 方法更新函数 m，使得函数在 k 处映射为 v。如果函数在 k 处有定义，则返回 $m(k)$；否则返回 null；对于 putIfAbsent(k,v) 方法，如果函数在 k 处没有定义，那么该方法更新函数 m，使得在 k 处映射为 v，并返回 null；如果函数在 k 有定义，则它不改变函数 m，并返回 $m(k)$。对于 replace(k,v_1,v_2) 方法，如果函数在 k 处映射的值与预期的值 v_1 相等，那么方法将 k 处映射的值更新为新值 v_2，并返回 true；否则方法不做任何操作，并返回 false。

　　图 4-9 展示了客户扩展 ConcurrentHashMap 类实现一个并发的直方图类，它新增了一个 inc(Key k) 方法，用来增加直方图某一组中的数据。这个方法没有使用锁，而是使用 ConcurrentHashMap 类提供的 get、putIfAbsent 和 replace 三个方法来实现此功能。如果该函数在 k 处没有定义，那么 inc 方法更新函数 m，使得函数在 k 处映射为 1，并返回 1；如果函数在 k 处映射的值为 v，那么该方法更新函数 m，使得函数在 k 处映射为 v+1，并返回 v+1。该方法的形式化规约如下：

$$\mathrm{inc}\big(m,(k)\big)=\begin{cases}\big(m[k\mapsto v+1],v+1\big), & m(k)=v\\\big(m[k\mapsto 1],1\big), & k\notin\mathrm{dom}(m)\end{cases}$$

```
class CHM extends ConcurrentHashMap {
int inc (Key k) {                        else {
while ( true ) {              L₆    int x= i + 1;
L₁    int i = get (k);        L₇    boolean b = replace (k, i, x);
L₂    if (i == null) {        L₈    if (b){
L₃    int r = putIfAbsent (k, 1);  L₉    return x;}
L₄    if (r == null )         L₁₀   }
L₅    return 1;               L₁₁   } } } }
```

图4-9 一个基于封装扩展的方法

4.5.2.1 执行路径及纯化转换

假设 inc 方法中调用的是 putIfAbsent 和 replace 方法的规约，即调用的是两个原子的方法，现在证明 inc 方法相对它的规约是可抽象约简的。inc 方法的执行路径可以用如下正则表达式描述：

$$(L_1,L_2^+,L_3,L_4^-\mid L_1,L_2^-,L_6,L_7,L_8^-)^*(L_1,L_2^+,L_3,L_4^+,L_5\mid L_1,L_2^-,L_6,L_7,L_8^+,L_9)$$

在子路径 $\big(L_1,L_2^+,L_3,L_4^-\big)$ 中，布尔表达式（$L_4^-:r==\mathrm{null}$）的值是 false，因此 L_3 处的 $\mathrm{putIfAbsent}(k,1)$ 没有改变哈希函数的状态。L_1 处的 $i=\mathrm{get}(k)$ 方法是一个读操作，不会改变哈希函数的状态。L_2^+ 处的 $i==\mathrm{null}$ 和 L_4^- 是线程的局部操作，因此整个子路径不会改变哈希函数的状态。在子路径 $\big(L_1,L_2^-,L_6,L_7,L_8^-\big)$ 中，布尔表达式（$L_8^-:b$）的值是 false，因此 L_7 处的 $\mathrm{replace}(k,i,x)$ 是一个失败的替换操作，并没有改变哈希函数的状态。路径中的其他操作都是线程的局部操作，因此该子路径也不会改变抽象哈希函数的状态。通过上述分析可得，$\big(L_1,L_2^+,L_3,L_4^-\big)$ 和 $\big(L_1,L_2^-,L_6,L_7,L_8^-\big)$ 不改变共享状态的循环迭代，且被它们改变的局部变量在之后的运行中不依赖当前的值，因此它们是纯代码段。通过删除这些纯代码段，得到如下执行路径的表达式：

$$(L_1, L_2^+, L_3, L_4^+, L_5 \mid L_1, L_2^-, L_6, L_7, L_8^+, L_9)$$

4.5.5.2 证明路径的约简性

在路径 $\left(L_1, L_2^+, L_3, L_4^+, L_5\right)$ 执行中，L_2^+ 处的 $i == \text{null}$、L_4^+ 处的 $r == \text{null}$ 和 L_5 处的 return 1 是线程的局部动作，因此它们是双向交换者。L_3 处的 putIfAbsent$(k, 1)$ 是非交换者，因此在任何执行中，可通过交换操作，使得 $\left(L_2^+, L_3, L_4^+, L_5\right)$ 形成一个不与其他线程交错的连续执行。因为 L_3 处的 putIfAbsent$(k, 1)$ 的返回值为 null，所以在执行 L_3 时，k 并不在哈希函数的定义域中。L_1 处的 $i = \text{get}(k)$ 是一个返回 null 的读操作。L_1 处的 $i = \text{get}(k)$ 并不是一个向左交换动作，因为在 L_1 处的 $i = \text{get}(k)$ 和 L_3 处的 putIfAbsent$(k, 1)$ 执行期间，其他线程可通过 put(k, v) 方法在 k 处插入一个元素，然后通过 remove(k) 方法删除这个元素。在任何一个产生路径 $\left(L_1, L_2^+, L_3, L_4^+, L_5\right)$ 的执行中，可以通过下列步骤使得该路径形成一个连续的执行。第 1 步：通过交换操作，使路径 $\left(L_2^+, L_3, L_4^+, L_5\right)$ 形成一个不与其他线程交错的连续执行。第 2 步：删除原来执行中的 L_1，在 L_2^+ 的左边插入 L_1。因为 L_1 是一个读动作，因此上面的转换不会影响其他线程的执行。在新的位置，L_1 处的 $i = \text{get}(k)$ 的返回值仍然是 null，所以转换后仍然是一个可行的执行。路径 $\left(L_1, L_2^-, L_6, L_7, L_8^+, L_9\right)$ 可以通过类似的变换形成一个连续的执行。第一条路径执行的条件是 k 不在哈希函数的定义域中，执行的结果是将 k 映射为 1；第二条路径执行的条件是 k 在哈希函数的定义域中，执行的结果是将 k 映射为在原来的值上加 1，显然两条路径都满足 inc 方法的规约。

4.6　本章小结

　　本章提出基于抽象约简的可线性化验证方法，证明了方法的合理性，并应用该方法验证了多个经典的并发数据结构。本书提出的基于抽象的约简与其他基于 Lipton 约简的可线性化验证方法的不同之处在于：①基于抽象的约简仅要求满足抽象语义的子路径是可约简的，而不要求整条路径是可约简的；②把路径约简从单路径扩展到双路径；③对于不可约简的读方法，通过可达性证明把读方法转化成一个可达点，从而把可线性化证明化简到证明写方法与可达点的约简性。

　　总之，本书提出的基于抽象约简的可线性化验证方法既保持了 Lipton 约简的简单、直观、易用，也使 Lipton 约简方法能应用到更多灵巧复杂的数据结构中。4.3 节证明了要验证基于封装扩展的并发数据结构，可验证由抽象方法代替后生成的并发数据结构的可线性化，验证后者要比验证前者容易得多，即定理 4.5.1。依据这个定理，本章最后使用基于抽象约简的方法验证了一个封装扩展的哈希表。

第5章　基于偏序属性的可线性化验证方法

第 4 章验证的并发数据结构有如下特点：在方法的单个执行路径上，线性化点是固定的，无论这个线性化点是内部的还是外部的，如数据对快照中的 readPair 方法，整体看 L_3 处的 $\langle y := m[j].\text{val}; v\_2 := m[j].\text{ver};\rangle$ 语句能否成为线性化点依赖于将来的执行。但从单个执行路径上看，这个读方法中的最后一个循环迭代中的 L_3 语句是其线性化点。但对于一些并发数据结构，如 HW 队列、LCRQ 队列、时间戳队列、篮式队列、时间戳栈，对于它们的入队或入栈操作，即使在单个执行路径上，也没有固定的线性化点。入队和入栈操作在线性化中的顺序分别取决于出队和出栈操作的执行。总的来说，基于线性化点的可线性化验证方法很难处理这类并发数据结构。

本章给出了并发队列和并发栈可线性化的充分必要条件，这些条件是基于操作间的先于偏序属性的，通过验证这些偏序属性就可以验证并发队列和并发栈的可线性化。本章应用这两个方法验证了 HW 队列、LCRQ 队列、时间戳队列、篮式队列、时间戳栈等具有挑战性的并发数据结构。

5.1　验证并发队列

5.1.1 并发队列可线性化的充要条件

并发队列是一种基础性的并发数据结构，广泛应用在各类并行系统中。笔者观察到一个有趣的现象：所有我们遇到的并发队列，出队操作都有固定的可线性化点，如 HW 队列、时间戳队列、篮式队列等，这些并发队列的入队方法没有固定的可线性化点，但是它们的出队方法都有固定的可线性化点。本章提出了一套简单而又完备的确立并发队列可线性化的条件，这些条件充分利用了出队操作有固定的可线性化点的属性，直观地表达了并发队列"先进先出"的语义。非形式化地讲，一个并发队列的执行是可线性化的，当且仅当存在一个出队操作的线性化，使得出队操作按这个线性次序依次删除队列中最老的元素。并发数据结构的设计者仅通过基于先于偏序关系的属性就可验证这些条件，并不需要额外掌握其他证明技术。本章应用这个方法验证了 HW 队列、LCRQ 队列、时间戳队列、篮式队列等具有挑战性的并发数据结构。

对于一条并发队列的执行记录 H，用 $\mathrm{Enq}(H)$ 表示 H 中入队操作的集合，用 $\mathrm{Deq}(H)$ 表示 H 中出队操作的集合。对于一条执行记录中的一个操作 op，before(op) 表示在操作 op 开始执行前就已经完成的操作的集合，即 $\mathrm{before(op)} = \{\mathrm{op'} \mid \mathrm{op'} \prec_o \mathrm{op}\}$ ；after(op) 表示在操作 op 完成后才开始执行的操作的集合，即 $\mathrm{after(op)} = \{\mathrm{op'} \mid \mathrm{op} \prec_o \mathrm{op'}\}$；parallel(op) 表示和操作 op 并行交错执行的操作的集合，即 $\mathrm{parallel(op)} = \{\mathrm{op'} \mid \mathrm{op'} \notin \mathrm{before(op)} \wedge \mathrm{op'} \notin \mathrm{after(op)}\}$ 。

对于一条并发队列的完整的执行记录 H，一个从 $\mathrm{Deq}(H)$ 到 $\mathrm{Enq}(H)$ 和 ϵ 的映射 Match 是安全的，当且仅当满足下列条件：

（1）如果 $\forall \text{deq}.,\ \text{deq} \in \text{Deq}(H)$ 和 $\text{Match}(\text{deq}) \neq \epsilon$，那么出队操作 deq 的返回值就是入队操作 $\text{Match}(\text{deq})$ 插入的值；

（2）如果 $\forall \text{deq},\ \text{deq} \in \text{Deq}(H)$ 和 $\text{Match}(\text{deq}) = \epsilon$，那么出队操作 deq 的返回值就是 empty。

（3）如果 $\forall \text{deq},\ \text{deq}' \in \text{Deq}(H)$，$\text{Match}(\text{deq}) \neq \epsilon \wedge \text{Match}(\text{deq}') \neq \epsilon$，那么 $\text{Match}(\text{deq}) \neq \text{Match}(\text{deq}')$。

一个安全的映射 Match 要求一个不返回 empty 的出队操作总是返回一个入队操作插入的值，且一个入队操作插入的值最多被一个出队操作删除。

下面的定理给出的条件刻画了并发队列"先进先出"的属性。直观地讲，对于给定的出队操作的线性化顺序，要求出队操作依次删除的是入队操作在先于偏序关系上的极小元插入的元素。

定理 5.1.1　设一个并发队列 Z、它对应的规约 A、两者间的抽象函数 AF 的任意一个从空队列开始，也就是说，如果初始状态为 σ_z，那么 $\text{AF}(\sigma_z) = ()$ 执行产生的完整的执行记录 H，H 可线性化需要满足当且仅当 H 中存在所有出队操作的一个线性化 $\text{Deq}_1, \text{Deq}_2, \cdots, \text{Deq}_n$ $\big(q(H) = \{\text{Deq}_1, \text{Deq}_2, \cdots, \text{Deq}_n\} \wedge x < y \Rightarrow \text{Deq}_y \not\prec_o \text{Deq}_x\big)$ 和存在一个从 $\text{Deq}(H)$ 到 $\text{Enq}(H)$ 和 $\in$ 安全映射 Match 使得：

（1）如果 $\text{Match}(\text{Deq}_1) = \text{Enq}_1 \neq \epsilon$，那么 $\forall \text{Enq}_x \in \text{Enq}(H), \forall j \in \{1, \cdots, n\}$，$\text{Enq}_x \not\prec_o \text{Enq}_1 \wedge \text{Deq}_j \not\prec_o \text{Enq}_1$；如果 $\text{Match}(\text{Deq}_1) = \epsilon$，那么 $\forall \text{Enq}_x \in \text{Enq}(H)$，$\text{Enq}_x \not\prec_o \text{Deq}_1$。

（2）对于第 i 个出队操作 Deq_i，其中 $2 \leqslant i \leqslant n$。如果 $\text{Match}(\text{Deq}_i) = \text{Enq}_i \neq \epsilon$，那么 $\forall \text{Enq}_x \in \text{Enq}(H) - \{\text{Match}(\text{Deq}_1), \cdots, \text{Match}(\text{Deq}_{i-1})\}$，$\text{Enq}_x \not\prec_o \text{Enq}_i \wedge \forall j \in \{i, \cdots, n\}$，$\text{Deq}_j \not\prec_o \text{Enq}_i$。

（3）对于第 i 个出队操作 Deq_i，其中 $2 \leqslant i \leqslant n$。① 如果 $\text{Match}(\text{Deq}_i) = \epsilon$，那么 $\text{before}(\text{Deq}_i) \cap \text{Enq}(H) \subseteq \text{Match}(\text{Deq}_1), \cdots, \text{Match}(\text{Deq}_{i-1})$；② 令 $\text{PPN} = \{\text{enq} | \text{enq} \in \text{Parall}(\text{Deq}_i) \cap \text{Enq}(H) -$

$\left\{\mathrm{Match}\left(\mathrm{Deq}_1\right),\cdots,\mathrm{Match}\left(\mathrm{Deq}_{i-1}\right)\right\}$，如果 $\forall m, x,\ x \leqslant i-1 \wedge m \in \mathrm{PPN}$，那么 $m \nprec \mathrm{Deq}_x$。

对于给定的出队操作的线性化顺序，条件（2）要求它们依次删除的是入队操作在先于偏序关系上的极小元插入的元素；条件（3）要求如果一个出队操作 Deq_i 返回的是 empty，那么在 Deq_i 开始执行前完成的入队操作插入的值都被 Deq_i 前面的出队操作 $\left(\mathrm{Deq}_1,\cdots,\mathrm{Deq}_{i-1}\right)$ 删除；如果一个入队操作和 Deq_i 并行交错执行且它插入的值未被 Deq_i 前面的出队操作删除，那么该入队操作不会在任何一个 Deq_i 前面的出队操作开始执行前完成执行。

下面证明定理 5.1.1 的充分必要性。

1）充分性证明

（1）假设 H 中每一个出队操作都不返回 empty，H 是可线性化的。

证明：通过将 H 中的每一个入队操作（由入队操作的调用事件和它匹配的返回事件构成的序列）插入 $\mathrm{Deq}_1,\mathrm{Deq}_2,\cdots,\mathrm{Deq}_n$（每一个出队操作 Deq_i 是一个由它的调用事件和它匹配的返回事件构成的序列）序列中构成一个顺序的执行记录 H'。然后证明 H' 不会违反 H 中操作间的先于偏序关系。构造顺序的执行记录过程如下。

第 1 步：把入队操作 $\mathrm{Match}\left(\mathrm{Deq}_1\right),\mathrm{Match}\left(\mathrm{Deq}_2\right),\cdots,\mathrm{Match}\left(\mathrm{Deq}_n\right)$ 依次插入 $\left(\mathrm{Deq}_1,\mathrm{Deq}_2,\cdots,\mathrm{Deq}_n\right)$ 序列。

对于入队操作 $\mathrm{Match}\left(\mathrm{Deq}_1\right)$，把它插到 Deq_1 前面。因为 $\forall j \in \{1,\cdots,n\}$，$\mathrm{Deq}_j \nprec_o \mathrm{Match}\left(\mathrm{Deq}_1\right)$，所以完成插入后，这个队列不会违反 H 中操作间的先于偏序关系。

对于入队操作 $\mathrm{Match}\left(\mathrm{Deq}_2\right)$，把它插到新序列 $(\mathrm{Match}\left(\mathrm{Deq}_1\right)$，$\mathrm{Deq}_1,\ \mathrm{Deq}_2,\cdots,\mathrm{Deq}_n)$ 的 $\mathrm{Match}\left(\mathrm{Deq}_1\right)$ 和 Deq_2 中间，且不会违反 H 中操作间的先于偏序关系。如果 $\mathrm{Deq}_1 \prec_o \mathrm{Match}\left(\mathrm{Deq}_2\right)$，则 $\mathrm{Match}\left(\mathrm{Deq}_2\right)$ 插到 Deq_1 后面，否则插到它的前面。因为 $\mathrm{Match}\left(\mathrm{Deq}_2\right)$

$\prec_o \mathrm{Match}(\mathrm{Deq}_1)$ 和 $\mathrm{Deq}_2 \prec_o \mathrm{Match}(\mathrm{Deq}_2)$，所以完成插入后，不会违反 H 中操作间的先于偏序关系，且顺序执行时，出队操作 Deq_1 删除的是入队操作 $\mathrm{Match}(\mathrm{Deq}_1)$ 插入的值，出队操作 Deq_2 删除的是入队操作 $\mathrm{Match}(\mathrm{Deq}_2)$ 插入的值。

类似地，对于每一个 $2 \leqslant i \leqslant n$，因为 $\mathrm{Match}(\mathrm{Deq}_i) \prec_o \mathrm{Match}(\mathrm{Deq}_{i-1})$ 和 $\mathrm{Deq}_i \prec \mathrm{Match}(\mathrm{Deq}_i)$，根据性质 2.1.2，可把 $\mathrm{Match}(\mathrm{Deq}_i)$ 插入 $\mathrm{Match}(\mathrm{Deq}_{i-1})$ 和 Deq_i 之间的位置，使得完成插入操作之后，新的序列不会违反 H 中操作间的先于偏序关系。完成插入后的新序列顺序执行时，每一个出队操作删除的是它匹配的入队操作插入的值。

第 2 步：根据 Szpilrajn 偏序扩展理论（定理 2.1.1），H 中未插入的入队操作的先于偏序关系 $(\prec_o)$ 至少存在一个线性扩展。假设 $\mathrm{Enq}_{n+1}, \cdots, \mathrm{Enq}_{n+m}$ 是 H 中未插入的入队操作的先于偏序关系的一个线性扩展，下面依次将这些入队操作插入第一步完成后的序列中去。

因为 $\mathrm{Enq}_{n+1} \prec_o \mathrm{Match}(\mathrm{Deq}_n)$，根据偏序性质 2.1.2，能够把 Enq_{n+1} 入队操作插入 $\mathrm{Match}(\mathrm{Deq}_n)$ 之后，使得完成插入操作之后，新的序列不会违反 H 中操作间的先于偏序关系。显然，完成插入后的新序列顺序执行时，每一个出队操作删除的是它匹配的入队操作插入的值。

类似地，对于每一个 $2 \leqslant i \leqslant m$，因为 $\mathrm{Enq}_{n+i} \prec_o \mathrm{Enq}_{n+i-1}$，根据偏序性质 2.1.2，能够把 Enq_{n+i} 入队操作插入 Enq_{n+i-1} 之后，使得完成插入操作之后，新的序列不会违反 H 中操作间的先于偏序关系。同样，完成插入后的新序列顺序执行时，每一个出队操作删除的是它匹配的入队操作插入的值。

根据 H' 的构造过程，H' 是一条顺序的执行记录，不会违反 H 中操作间的先于偏序关系。H' 中操作顺序执行时，每一个出队操作删除的是和它匹配的入队操作插入的元素。因此这条顺序执行记录满足抽象队列"先进先出"的属性。

（2）当 H 中含有返回 empty 的出队操作时，H 是可线性化的。

证明：可以通过如下过程构建线性化。总的来说，如果

$\text{Match}(\text{Deq}_i)=\epsilon$，可以先将 Deq_1 到 Deq_{i-1} 和对应被删除的入队操作按上面的过程线性化为 A，再将其他操作（除 Deq_1 到 Deq_i 的出队操作和对应的入对操作）线性化为 B，然后将 Deq_i 插入两者之间，即 $H'=A\hat{}(\text{Deq}_i)\hat{}B$。显然 H' 中的出队操作之间不会违反 H 中操作间的先于偏序关系。

下面证明入队操作之间、入队操作与出队操作之间也不会违反操作间的先于偏序关系。假设 Enq_x 和 Deq_x 分别属于 A 中任意的入队和出队操作，设 Enq_y 和 Deq_y 分别属于 B 中任意的入队和出队操作，根据定理 5.1.1 中的条件（2）得到 $\text{Enq}_y\not\prec_o\text{Enq}_x$，$\text{Deq}_y\not\prec_o\text{Enq}_x$，$\text{Deq}_i\not\prec_o\text{Enq}_x$。如果 $\text{Enq}_y\prec_o\text{Deq}_i$，根据定理 5.1.1 中的条件（3）①得到 Enq_y 插入的元素被 Deq_i 前面的出队操作删除，这与 Enq_y 在 B 中矛盾，因此 $\text{Enq}_y\not\prec_o\text{Deq}_i$。根据定理中的条件（3）②可得 $\text{Enq}_y\not\prec_o\text{Deq}_x$。

2）必要性证明

（1）H 中存在出队操作的线性化 Deq_1, Deq_2,…,Deq_n。

证明：因为 H 是可线性化的，因此存在一个顺序的执行记录 H' 使得 $H\subseteq H'$。从 H' 中提取出队操作的线性化序列 Deq_1, Deq_2,…,Deq_n。

（2）对于第 i 个出队操作 Deq_i，其中 $2\leqslant i\leqslant n$。如果 $\text{Match}(\text{Deq}_i)=\text{Enq}_i\neq\epsilon$，那么 $\forall\text{Enq}_x\in\text{Enq}(H)-\{\text{Match}(\text{Deq}_1),\cdots,\text{Match}(\text{Deq}_{i-1})\}$，$\text{Enq}_x\not\prec_o\text{Enq}_i\wedge\forall j\in(i,\cdots,n)$, $\text{Deq}_j\not\prec_o\text{Enq}_i$。

证明：在 H' 中，入队操作和出队操作是顺序执行的，且满足"先进先出"的属性。因此，Enq_i 在 Deq_i 执行前已经完成执行，Enq_x 在 Enq_i 完成之后开始执行。因为 H' 会保持 H 中操作间的先于偏序关系，所以 $\text{Enq}_x\not\prec_o\text{Enq}_i\wedge\forall j\in(i,\cdots,n)$, $\text{Deq}_j\not\prec_o\text{Enq}_i$。

（3）对于第 i 个出队操作 Deq_i，其中 $2\leqslant i\leqslant n$。①如果 $\text{Match}(\text{Deq}_i)=\epsilon$，那么 $\text{before}(\text{Deq}_i)\cap\text{Enq}(H)\subseteq\{\text{Match}(\text{Deq}_1),\cdots,$

$\text{Match}\left(\text{Deq}_{i-1}\right)\}$；　②　令　$\text{PPN}=\{\text{enq}\mid\text{enq}\in\text{Parall}\left(\text{Deq}_i\right)\cap\text{Enq}(H)-$ $\{\text{Match}\left(\text{Deq}_1\right),\cdots,\text{Match}\left(\text{Deq}_{i-1}\right)\}$，如果 $\forall m,x,\ x\leqslant i-1\wedge m\in\text{PPN}$，那么 $m\not\prec\text{Deq}_x$。

证明：如果 $\exists\text{Enq}_i\in\text{before}\left(\text{Deq}_i\right)\wedge\text{Enq}_i\notin\{\text{Match}\left(\text{Deq}_1\right),\cdots,\text{Match}$ $\left(\text{Deq}_{i-1}\right)\}$，那么在 H' 中，Enq_i 插入的值没有被 Deq_i 前面的出队操作删除，且 Enq_i 位于 Deq_i 前面，这与 Deq_i 返回 empty 矛盾。如果 $\exists m\in\text{PPN}$，Deq_x，$x\leqslant i-1$，$m\prec\text{Deq}_x$，在 H' 中，Enq_i 插入的值未被 Deq_i 前面的出队操作移除，且 Enq_i 位于 Deq_x 前面（也位于 Deq_i 前面），这与 Deq_i 返回 empty 矛盾。

注意：定理 5.1.1 要求队列的初始值在抽象函数映射下为空。定理 5.1.2 证明了如果一个并发队列从空队列开始的执行中产生的完整的执行记录是可线性化的，那么从任意良形的状态开始的执行中产生的完整的执行记录也是可线性化的。

定理 5.1.2　假设一个并发队列 Z、它的规约 A 和两者的抽象函数 AF。如果 Z 的任意一个从空队列开始的 [如果初始状态为 σ_z，那么 $\text{AF}\left(\sigma_z\right)=()$] 执行中产生的完整的执行记录是可线性化的，那么 Z 从任意良形的状态开始的执行中产生的完整的执行记录也是可线性化的。

证明：设 β 为 Z 从任意不为空的良形的状态 σ_z 开始的能正常终止的执行，σ_z 为由 Z 从一个空队列开始的、相应的入队操作顺序执行后得到的最终状态，设该执行为 α。令一个 Z 的执行 γ 为先执行 α，再执行 β。因为 Z 的任意一个从空队列开始的执行都是可线性化的，所以 γ 是可线性化的。假设执行记录 L 是 $H(\gamma)$ 的一个线性化，即 $H(\gamma)\subseteq L$。根据可线性化定义，必定存在 L_1，L_2 使得 $L_1L_2=L$，$H(\alpha)\subseteq L_1$ 和 $H(\beta)\subseteq L_2$。

5.1.2 构造出队操作的线性化

定理 5.1.1 给出了一个完备和简单的并发队列的验证条件，但是它需要给出执行中的出队操作的一个线性化。因此，一个具有挑战性的问题是如何构造出队操作的线性化。在这些并发队列中，如果它们的出队方法存在逻辑删除队列中元素的原子语句，那么该原子语句能够选为出队方法的可线性化点；否则出队方法中的物理删除队列中元素的原子语句能够选为出队方法的可线性化点。逻辑删除队列中元素的原子语句仅固定一个元素，当逻辑删除队列中的该元素后，其他出队操作不能再物理或逻辑删除该元素。例如，在本章验证的并发队列中，HW 队列的出队方法的可线性化点是物理删除队列中元素的原子语句，而 LCRQ 队列中的出队方法的可线性化点则是逻辑删除队列中元素的原子语句。

一个重要的问题是，对所有并发队列，是否它们出队方法中逻辑地或物理地删除元素的原子语句都能够选为可线性化点？当由这些原子语句构建的出队操作的线性化不能满足定理 5.1.1 中的条件时，这样的原子语句就不能选为可线性化点。接下来的分析表明这样的出队算法是比较罕见的。为方便论述，本节仅考虑包含两个出队操作的执行，它们逻辑地或物理地删除元素的原子语句不能选为可线性化点，如图 5-1、图 5-2 所示。

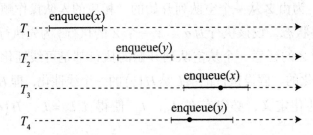

图 5-1 dequeue(x) 在 dequeue(y) 的删除动作之前开始执行

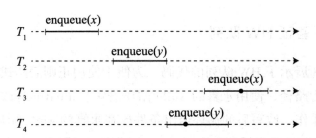

图 5-2　dequeue(x) 在 dequeue(y) 的删除动作之后开始执行

在图 5-1、图 5-2 中，出队操作中的黑色圆点表示它的物理地或逻辑地删除队列中元素的原子语句。

在图 5-1 中，dequeue(x) 在 dequeue(y) 的删除动作之前开始执行。这个执行对应的唯一的线性化是 enqueue(x)，enqueue(y)，dequeue(x)，dequeue(y)。依据出队操作的删除动作构造的线性化是 dequeue(y)，dequeue(x)。因此，出队操作的这两个删除元素不能选为可线性化点。如果该执行不存在 dequeue(x)，那么为使执行是可线性化的，线程 T_4 的出队操作必须删除 x [也就是 enqueue(x) 插入的值]。因此是 dequeue(x) 的删除动作之前的语句阻止了线程 T_4 的出队操作删除 enqueue(x) 插入的值。这样的出队算法是罕见的。一般说来，除逻辑删除或物理删除动作之外，出队操作的其他原子语句都不会阻止其他出队操作删除队列中的元素。笔者验证的大多数并发队列，其出队操作的删除动作之前的原子语句要么是线程本地操作，要么是共享变量的读操作，这些操作不会影响其他出队操作的执行。

在图 5-2 中，dequeue(x) 在 dequeue(y) 的删除动作之后开始执行。在 dequeue(x) 执行之前，dequeue(y) 已经删除了 y。因此，如果不存在 dequeue(x)，dequeue(y) 同样会选择删除 y。这将导致执行是不可线性化的。因此这样的出队算法基本是不存在的。

5.1.3 验证 HW 队列

图 5-3 展示了 HW 队列的代码。为便于使用正则表达式描述出队操作的执行路径,使用永真的 while 循环语句 [while(true)] 改写最初版本的出队操作。改写后的循环退出条件放在永真的 while 循环体里面,并用 break 语句退出循环。items 是一个可容纳无限元素的数组。变量 back 代表当前未使用元素中的最小下标,初始值为 1。

```
class HWQueue{                    T₁    range:=back-1;
int back:=1;                      T₂    i:=1;
int[ ] items;                     T₃    while(true){
void Enqueue(int v);              T₄      if(i>range)
int Dequeue(); }                  T₅        break;
void Enqueue(int v){              T₆      temp:=Swap(items[i],null)
L₀  t:=Inc(back);                 T₇      if ( temp ≠ null )
L₁  items[t]:=v; }                T₈        return temp;
int Dequeue(){                    T₉      i++; }
T₀  while(true){                  T₁₀  } }
```

图 5-3 HW 队列的代码

数组的下标从 1 开始,算法假设每一个数组元素的初始值是一个特殊值 null。$\mathrm{Inc(back)}$ 原子方法将 back 的值加 1,然后返回原来 back 的值; $\mathrm{Swap(items[i],null)}$ 原子方法将 items[i] 元素赋值为 null,并返回该元素原来的值。

入队操作通过两步完成操作:第一步是通过 $\mathrm{Inc(back)}$ 原子方法将 back 的值加 1,然后返回原来 back 的值,用局部变量 t 保存这个返回的值;第二步是将要插入的值存储在数组元素 items[t] 中。

出队操作首先获取当前数组中入队操作已访问元素中的最大下标 $(\mathrm{range}:=\mathrm{back}-1)$,然后从数组的第 1 个元素开始寻找第 1 个元素值不为 null 的元素。如果找到,则通过 Swap 原子方法将它改为 null,

· 126 ·

然后返回这个元素的值；如果没有找到，方法将重新开始遍历。

入队操作的执行路径是

$$\mathrm{Enq} = (L_0, L_1)$$

出队操作的执行路径 Deq 可以用如下正则表达式描述：

$$((T_1, T_2)^- (T_4^-, T_6, T_7^-, T_9)^{*-} (T_4^+))^{*-} (T_1, T_2)^- (T_4^-, T_6, T_7^-, T_9)^{*-} (T_4^-, T_6, T_7^+, T_8)$$

其中，$(T_1, T_2) \wedge (T_4^-, T_6, T_7^-, T_9)^*$ 为 T_0 处 while 循环语句的迭代路径，这些路径并不改变共享状态，是一些纯代码段。通过删除这些纯代码段，可得到如下出队操作的执行路径表达式：

$$\mathrm{Deq}' = (T_1, T_2)^- (T_4^-, T_6, T_7^-, T_9)^{*-} (T_4^-, T_6, T_7^+, T_8)$$

5.1.3.1　入队和出队操作线性化点分析

入队操作的路径中没有语句可选为线性化点，它们在线性化中的顺序取决于出队操作将来的行为。例如，考虑图 5-4 所示的执行，如果入队操作中的 L_0 语句是入队操作的线性化点，那么出队操作返回的应该是 x，该并发执行对应的线性化的执行是

enq(x); enq(y); deq( ):x 或者是 enq(x); deq( ):x; enq(y)。

如果入队操作中的 L_1 语句是入队操作的线性化点，那么出队操作返回的应该是 y，该并发执行对应的线性化的执行是 enq(y); enq(x); deq( ):y 或者是 enq(y); deq( ):y; enq(x)。

实际上，上面的执行过程中，出队操作 deq 既可能返回 x，也可能返回 y。如果出队操作在 enq(x) 的 L_1 之后开始遍历，首先访问到的第一个不为 null 的元素是 items[1]，它的值是 x。因此出队操作返回 x。如果出队操作在 enq(x) 的 L_1 之前，enq(y) 的 L_1 之后开始遍历，读到 items[1] 的元素为 null，读到 items[2] 的元素为 y，所以出队操作返回的是 enq(y) 插入的值 y。上述执行过程，入队操作没有固定的线性化点，入队操作在线性化中的位置取决于出队操作的执行过程。

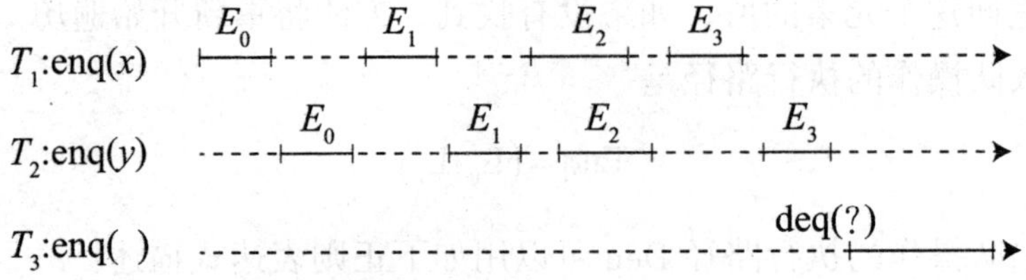

图 5-4　HW 队列的一个并发的执行

在出队操作的路径 Deq' 中，如果 T_6 处 temp := Swap(items[i], null) 语句返回的是 null，则称它为一个读操作，否则称它为一个写操作。Deq' 路径中的最后一个 T_6 语句是该路径中的唯一一个写操作，是出队操作的线性化点。下面的 HW 队列可线性化证明也充分利用了这个线性化点来构造出队操作的线性化。

5.1.3.2　HW 队列可线性化证明

下面将简述入队操作和出队操作在限定的交互下的两个约简性质，这些性质将用在 HW 队列可线性化证明中（定理 5.1.3）。

性质 5.1.1　在任意一次执行中，如果入队操作仅和入队操作交互，即它们的执行不会和任何出队操作交互，那么入队操作的执行路径是可约简的（每一个入队操作能够通过与其他入队操作的原子操作交换使得它的原子操作可以形成连续执行的序列）。

证明：在这个限定的交互下，路径 Enq 的原子操作 L_0 处的 t := Inc(back) 是非交换者，而 L_1 处的 items[t] := v 原子操作能和所有其他入队操作的原子操作交换。所以 L_1 可以向左移向 L_0。

性质 5.1.2　在任意一次执行中，如果出队操作的路径 Deq 中的原子操作仅和入队操作的 L_1 语句交互，那么该路径是可约简的。

证明：通过证明所有与路径 Deq' 交互的 L_1 语句能够通过原子操作的交换操作移动到 Deq' 路径的两端。一个 L_1 语句既能左交换也能右交换所有其他 L_1 语句，既能左交换也能右交换 Deq' 路径中除 T_6 语句外的所有语句。对于一个 L_1 语句访问的数组元素（L_1 语句在该数组元素中存储了一个值），Deq' 路径中最多只有一个 T_6 语句访问该数组元素。一个 L_1 语句同 Deq' 路径有如下三种交互方式，下面我们分别证明在每一种交互方式中，L_1 语句都能够通过原子操作的交换操作移动到 Deq' 路径的两端。

（1）Deq' 中所有的 T_4 语句都不访问这个 L_1 语句访问过的数组元素。在这种情况下，这个 L_1 语句既能够左交换也能够向右交换 Deq' 路径中的每一个原子动作。因此，L_1 可通过原子操作的交换操作移动到 Deq' 路径的右边或左边。

（2）Deq' 路径中一个 T_4 语句在这个 L_1 语句访问该数组元素之前访问这个数组元素。在这种情况下，这个 L_1 语句能够向右交换 Deq' 路径中的每一个在它之后的原子动作。因此，L_1 语句可通过原子操作的交换操作移动到 Deq' 路径的右边。

（3）Deq' 路径中一个 T_6 语句在这个 L_1 语句访问该数组元素之后访问这个数组元素。在这种情况下，这个 L_1 语句能够向左交换 Deq' 路径中的每一个在它之前的原子动作。因此，L_1 语句可通过原子操作的交换操作移动到 Deq' 路径的左边。

定理 5.1.3 证明了 HW 队列的每一个正常终止的执行都是可线性化的。Henzinger 等人证明了 HW 队列是纯阻塞性的，像在 4.2.1 节中提到的那样，对于一个纯阻塞性的并发数据结构，只要它所有完整的执行记录是可线性化的，那么这个并发数据结构就是可线性化的。

定理 5.1.3　HW 队列的每一条完整的执行记录都是可线性化的。

证明：对于 HW 队列的每一个正常终止的执行 π，令 π' 是一个删除 π 中纯代码段以及这些纯代码段事件变迁的后置状态后的执行。设 $Deq_1, Deq_2, \cdots, Deq_n$ 是通过 Dequeue 出队操作的线性化点构造的 π' 执行中所有出队操作的一个线性化。下面证明每一个出队操作满足定理 5.1.1 中的条件。首先验证出队操作 Deq_1（线性化中的第一个出队操作）返回的是由一个"最早"完成入队操作插入的值。按如下方式从 π' 中提取一个执行段：从 π' 中第一个原子操作的前置状态开始到 Deq_1 的写原子操作（一个不返回 null 的 T_6 语句）的后置状态结束，对这个执行段进行如下步骤的转换。

第 1 步：删除这个执行段中其他出队操作的变迁（删除出队操作的原子操作以及对应变迁的后置状态，删除其他原子操作状态配置中涉及这些出队方法的局部状态）。删除的这些原子操作都不会改变共享状态（其他出队操作唯一的一个写原子操作肯定在 Deq_1 的写原子操作之后）。经过上述转换，该执行段依然是一个可行的执行。

第 2 步：删除在出队操作 Deq_1 的 $range := back - 1$ 原子操作之后开始执行的入队操作的变迁：①删除这些入队操作的原子操作以及对应变迁的后置状态，删除其他原子操作状态配置中涉及这些入队方法的局部状态；②在 $range := back - 1$ 之后的原子操作的后置状态的配置中，将 $back$ 的值改为 $range := back - 1$ 后置状态的值，如果删除的入队操作在该原子操作之前已经插入值，将数值元素的值修改为 null。Deq_1 操作不会访问这些删除的入队操作访问的数组元素（入队操作存放的位置）。上述转换也不会改变在出队操作 Deq_1 的 $range := back - 1$ 原子操作之前开始执行的入队操作的变迁。经过上述转换，该执行段依然是一个可行的执行。

第 3 步：完成第 2 步转换后，Deq_1 出队操作仅和入队操作的 L_1 语句交互。根据性质 5.1.2，通过原子操作的交换操作，执行段能够转换成一个新执行段，使得在这个转换后的执行段中，Deq_1 操作能够顺序执行。

第 4 步：完成第 3 步转换后，Deq_1 操作前面的执行仅仅包含入队操作的执行。根据性质 5.1.1，将 Deq_1 操作前面的执行段转换成每一个入队操作都顺序执行的执行段（注意：这些入队操作中的一些可能没完成执行）。

经过上述转换，执行段变成首先是入队操作的顺序执行，然后是 Deq_1 操作的顺序执行。显然在这个顺序执行中，Deq_1 操作返回的是第一个完成执行的入队操作。为方便引用，称这个入队操作为 Enq_1。上述所有转换都不违反执行 π 中操作间的先于偏序关系，因此可以得

到 $\forall Enq_x \in Enq(H)$, $Enq_x \not\prec_o Enq_1 \wedge \forall j \in (1,\cdots,n)$, $Deq_j \not\prec_o Enq_1$。

对于第二个出队操作 Deq_2，类似地提取一个从 π' 中第一个原子操作的前置状态开始到 Deq_2 的写原子操作的后置状态结束的执行段，然后删除 Deq_1 中的原子操作以及它们的后置状态，删除 Enq_1 的 L_1 原子操作以及它的后置状态。这个转换不会影响其他操作的执行。注意：Enq_1 在这个执行段中是一个未完成的执行。类似 Deq_1 的证明，Deq_2 返回的也是一个最早完成入队操作插入的值，为方便引用，称这个入队操作为 Enq_2。因此，$\forall Enq_x \in Enq(H) - \{Match(Deq_1)\}$, $Enq_x \not\prec_o Enq_2 \wedge \forall j \in \{2,\cdots,n\}$, $Deq_j \not\prec_o Enq_2$。

5.1.4 验证 LCRQ 队列

本书采用的是一个使用无限数组来实现的 LCRQ 队列，它的代码如图 5-5 所示。该队列采用获取并增加（fetch-and-add，FAA）原子指令，该指令有两个操作数，分别是内存地址和要增加的值。Faa 指令执行时，将内存地址中存储的值加上要增加的值，并返回原来该内存地址存储的值。队列中的 items 表示一个可容纳无限元素的数组，整数变量 Head 用来指示下一个出队操作将要访问的数组下标，类似于队列的栈顶指针。整数变量 Tail 用来指示下一个入队操作将要访问的数组下标，类似于队列的尾指针。队列假设每一个数组元素的初始值为空，用一个特殊值（$\perp$）表示空值，入队操作不会插入这个值。队列用一个特殊值（$\top$）标识数组元素被出队操作访问过，同样入队操作不会插入这个值。

```
class LCRQueue {                    int Head:=1;
int Tail:=1;                        int dequeue(){
int[ ] items;                       while (true) {
}                                    h := Faa(&Head, 1)
void enqueue(x : Object) {           x := Swap(items[h], ⊤)
while (true) {                       if (x ≠⊥)
 t := Faa(&Tail, 1)                  return x;
 if (Swap(items[t], x) = :⊥)         if (Tail ≤ h + 1)
 return OK; }                        return empty; }
}                                   }
```

图 5-5　LCRQ 队列的代码

　　入队操作首先使用 Faa 指令将 Tail 的值加 1，并返回原来 Tail 的值，把它保存在变量 t 中。然后使用 Swap 操作将 x 存入 items[t] 中，如果 Swap 操作返回⊥（意味着出队操作没有访问该元素），入队操作结束循环，操作返回 OK；如果 Swap 操作返回的不是⊥（意味着它返回 OK），则入队操作重新开始新一轮循环。注意：如果 Swap 操作返回的是⊤，虽然入队操作在数组相应位置插入了 x，但该位置不会被出队操作再访问，因此它是一个无效的插入操作。

　　出队操作首先使用 Faa 指令将 Head 加 1，并返回原来 Head 的值，把它保存在变量 h 中。然后使用 Swap 操作将 items[h] 的值设置为⊤，并返回原 items[h] 的值。如果返回的不是⊥（意味着它返回一个正常值），则出队操作结束循环，最终返回原 items[h] 的值。如果 Swap 操作返回的是⊥，则分两种情况：①如果 Tail≤h+1，出队操作最终返回 emtpy，在这种情况下 Tail 太小，意味着出队操作下一次循环中的 Swap 操作也很有可能返回⊥，所以算法选择返回 emtpy；②如果 tail＞h+1，则出队操作重新开始新一轮循环迭代。

　　下面证明 LCRQ 队列的每一条完整的执行记录都存在安全的映射。

引理 5.1.1　对于 LCRQ 队列的任意一个正常终止的执行，每一个不返回 empty 的出队操作总是删除一个入队操作插入的值，且一个入队操作插入的值最多被一个出队操作删除。

证明：一个不返回 emtpy 的出队操作返回的总是数组中的元素（通过 Swap(items[h] ,⊤) 语句）。给数组元素赋值有入队方法中的 Swap(items[t],x) 语句和出队方法中的 Swap（items[h],⊤）语句，前者将对应的元素赋值为 x，后者将对应的元素 items[h] 赋值为⊤。注意：一旦出队操作通过 h := Faa(&Head,1) 语句获得 h 的下标，其他出队操作将不会访问 h 的下标对应的元素。因此，出队操作不可能返回⊤。因此一个不返回 empty 的出队操作返回的总是一个入队操作插入的值。

一个入队操作 Swap(items[t],x) 语句将 items[t] 赋值为 x，如果该 Swap 操作返回的不是⊥（意味着它返回⊤），则说明出队操作已将 items[t] 从初始值⊥更新为⊤，并且其他出队操作再也不会访问这个元素。因此 items[t] 中插入的 x 不会被其他出队操作读到并返回。一个入队操作有且仅有一个将 items[t] 赋值为 x 并返回⊥的 Swap(items[t],x) 操作。一旦一个出队操作读到元素 items[t]，就会将该元素的值由 x 更改为⊤，且其他出队操作也不会访问 items[t]。因此一个入队操作插入的值最多被一个出队操作删除。

对于任意一个 LCRQ 的完整的执行记录 H，令 Match 为一个从 Deq(H) 到 Enq(H) 和⊤的安全映射，使得对于任意一个不返回 empty 的出队操作 deq，入队操作 Match(deq) 最后访问的数组元素就是 deq 最后访问的数组元素。依据引理 5.1.1，Match 是一个安全的映射。下面通过定理 5.1.1 来证明 LCRQ 队列的每一个正常终止的执行都是可线性化的。

引理 5.1.2　对于两个入队操作 $\mathrm{Enq}_i^{t_i}$ 和 $\mathrm{Enq}_j^{t_j}$，其中 t_i 和 t_j 分别代表这两个入队操作最后访问数组元素的下标。如果 $t_i < t_j$，那么

$Enq_j^{t_j} \prec_o Enq_i^{t_i}$。

证明：如果 $t_i < t_j$，那么 $Enq_i^{t_i}$ 中的最后一个 $Faa(\&tail,1)$ 比 $Enq_j^{t_j}$ 中的最后一个 $Faa(\&tail,1)$ 先执行，因此 $Enq_j^{t_j} \prec_o Enq_i^{t_i}$。

通过类似引理 5.1.2 的证明，可以得到下面的引理。

引理 5.1.3 对于两个出队操作 $Deq_i^{h_i}$ 和 $Deq_j^{h_j}$，其中 h_i 和 h_j 分别代表这两个出队操作最后访问数组元素的下标。如果 $h_i < h_j$，那么 $Deq_j^{h_j} \prec_o Deq_i^{h_i}$。

引理 5.1.4 设 $Head_c$ 是 LCRQ 队列执行中某个时刻 head 的值，对于一个入队操作 $Enq_i^{t_i}$，其中 t_i 代表这个入队操作最后访问数组元素的下标，如果 $t_i \leq Head_c - 1$，那么 $Enq_i^{t_i}$ 插入的值一定被某个出队操作移除，即出队操作通过 $Swap$（$items[t_i], \top$）语句将 $items[t_i]$ 的值设为 $\top$。

证明：因为从 $items[1]$ 到 $items[Head_c - 1]$，每一个元素仅被一个出队操作更新一次，要么数组元素由正常值更改为 $\top$，要么由 $\bot$ 更改为 $\top$。$Enq_i^{t_i}$ 将 t_i 处的元素由 $\bot$ 更新为一个正常值，且 $t_i \leq Head_c - 1$，因此一定存在出队操作将 t_i 处的元素由 $Enq_i^{t_i}$ 插入的值更改为 $\top$。

定理 5.1.4 LCRQ 队列的每一条完整的执行记录相对于标准的抽象队列都是可线性化的。

证明：

（1）对于 LCRQ 队列的每一个正常终止的执行 π，设 $Deq_1^{h_1}, Deq_2^{h_2}, \cdots, Deq_n^{h_n}$ 是按出队操作最后访问的数组元素下标排列的一个序列。其中，对于每一个出队操作 $Deq_i^{h_i}$，h_i 表示该出队操作最后访问数组元素的下标。$Deq_1^{h_1}, Deq_2^{h_2}, \cdots, Deq_n^{h_n}$ 是 π 中所有出队操作的一个线性化。

证明：对于任意两个出队操作 $Deq_i^{h_i}$ 和 $Deq_j^{h_j}$，如果 $h_i < h_j$，根据引理 5.1.3，可得 $Deq_j^{h_j} \prec_o Deq_i^{h_i}$。所以，$Deq_1^{h_1}, Deq_2^{h_2}, \cdots, Deq_n^{h_n}$ 是 π 中所有出队操作的一个线性化。

（2）对于任意第 i $(1\leqslant i\leqslant n)$ 个出队操作 Deq_i，如果 $\text{Match}\left(\text{Deq}_i^{h_i}\right)=\text{Enq}_i\neq\epsilon$，那么 $\forall\text{Enq}_x\in\text{Enq}(H)-\{\text{Match}(\text{Deq}_1),\cdots,\text{Match}(\text{Deq}_{i-1})\}$，$\text{Enq}_x\not\prec_o\text{Enq}_i\wedge\forall j\in(i,\cdots,n),\ \text{Deq}_j\not\prec_o\text{Enq}_i$。

证明：因为 $\text{Match}\left(\text{Deq}_i^{h_i}\right)=\text{Enq}_i\neq\epsilon$，所以 Enq_i 最后访问的数组元素的下标为 h_i。设 Enq_x 最后访问的数组元素的下标为 t_x。如果 Enq_x 插入的值被 Deq_i 之后的出队操作移除，即 $\text{Enq}_x\in\left\{\text{Match}\left(\text{Deq}_{i+1}^{h_{i+1}}\right),\cdots,\text{Match}(\text{Deq}_n)^{h_n}\right\}$，那么 $h_i<t_x$。依据引理 5.1.2 可得 $\text{Enq}_x\not\prec_o\text{Enq}_i$。

设 Head_c 是 π 执行完成时 Head 最终的值，显然 $\text{Head}_c\geqslant h_i+1$。如果 Enq_x 插入的值未被出队操作移除，根据引理 5.1.4 可得 $t_x>\text{Head}_c-1$。所以 $t_x>h_i$，根据引理 5.1.2 可得 $\text{Enq}_x\not\prec_o\text{Enq}_i$。

（3）如果 $\text{Match}\left(\text{Deq}_i^{h_i}\right)=\epsilon$，则 $\text{before}(\text{Deq}_i)\cap\text{Enq}(H)\subseteq\{\text{Match}(\text{Deq}_1),\cdots,\text{Match}(\text{Deq}_{i-1})\}$。

证明：对于任意 $\text{Enq}_x^{t_x}\in\text{before}\left(\text{Deq}_i^{h_i}\right)$，因为 $\text{Enq}_x^{t_x}\prec_o\text{Deq}_i^{h_i}$，在 $\text{Deq}_i^{h_i}$ 的最后一条语句中有 $\text{Tail}\leqslant h+1$，所以 $t_x<\text{Tail}\leqslant h_i+1$。由 $\text{Match}\left(\text{Deq}_i^{h_i}\right)=\text{empty}$ 可得 $t_x\neq h_i$。因此 $t_x<h_i$。依据引理 5.1.4，$\text{Enq}_x^{t_x}$ 插入的值一定会被 $\text{Deq}_i^{h_i}$ 前面的出队操作移除，即 $\text{Enq}_x^{t_x}\in\{\text{Match}(\text{Deq}_1),\cdots,\text{Match}(\text{Deq}_{i-1})\}$。

（4）令 $\text{PPN}=\{\text{enq}\,|\,\text{enq}\in\text{Parall}(\text{Deq}_i)\cap\text{Enq}(H)-\{\text{Match}(\text{Deq}_1),\cdots,\text{Match}(\text{Deq}_{i-1})\}$，$\forall m,\ x,\ x\leqslant i-1\wedge m\in\text{PPN}$，$m\not\prec\text{Deq}_x,\ m\not\prec\text{Match}(\text{Deq}_x)$。

证明：对于任意 $\text{Enq}_y^{t_y}\in\text{PPN}$，依据引理 5.1.4 可得，$t_y>h_i$。如果 $\text{Enq}_y^{t_y}$ 最后一个 $\text{Faa}(\&\text{Tail},1)$（记作 $\text{Enq}_y^{t_y}:\text{Faa}(\&\text{Tail},1)$）比 $\text{Deq}_i^{h_i}$ 最后一个 $\text{Faa}(\&\text{head},1)$（记作 $\text{Deq}_i^{h_i}:\text{Faa}(\&\text{head},1)$）先执行，那么一定有 $\text{Tail}=t_y+1>h_i+1$。这与 $\text{Deq}_i^{h_i}$ 返回 empty 的条件 $\text{tail}\leqslant h+1$ 矛盾。根据

所有上述条件可得 $\text{Deq}_i^{h_i}:\text{Faa}(\&\text{Tead},1)<\text{Enq}_y^{t_y}:\text{Faa}(\&\text{Tail},1)$。对任意一个 $\text{Deq}_x^{h_x}$，$x\leqslant i-1$，其最后一个 $\text{Deq}_x^{h_x}:\text{Faa}(\&\text{Head},1)$ 语句都有下面的断言：$\text{Deq}_x^{h_x}:\text{Faa}(\&\text{Head},1)\prec\text{Deq}_i^{h_i}:\text{Faa}(\&\text{Head},1)$。根据上面的结论可得 $\text{Deq}_x^{h_x}:\text{Faa}(\&\text{Head},1)\prec\text{Enq}_y^{t_y}:\text{Faa}(\&\text{Tail},1)$。因此 $\text{Enq}_y^{t_y}\not\prec_o\text{Deq}_x^{h_x}$。

5.1.5 验证时间戳队列

图 5-6 展示了时间戳队列的代码，它的内部结构如图 5-7 所示。时间戳算法调用 newTimestamp( ) 方法生成一个时间戳，使用 $>_{ts}$ 表示时间戳的大小关系。对于两个时间戳 t_1 和 t_2，如果 $t_1>_{ts}t_2$，则称 t_1 大于 t_2。如果 $t_1\not>_{ts}t_2\wedge t_2\not>_{ts}t_1$，则称 t_1 和 t_2 是不可比较的。令 $\top$ 表示一个无穷大的时间戳。时间戳算法有许多不同的实现，这些实现都能确保：①对于两个顺序执行的时间戳生成算法，后者生成的时间戳大于前者生成的时间戳；②对于两个并发交错执行的时间戳算法，生成两个不可比较的时间戳。

单链表中的每个节点含有三个域，分别是数据域 val、时间戳域 timestamp 和下一节点指针域 next。每一个线程对应一个单链表，单链表中的 id 属性代表操作该链表的线程 id，线程仅在自己对应的单链表中插入元素。每个单链表含有一个 top 指针和一个哨兵节点（next 指针指向它自己），top 指针指向链表的第一个节点。初始化时，top 指针指向哨兵节点，表明此时链表为空。

```
TSQueue {
void Enqueue (int e);
int Dequeue( );
... // definitions of methods
}
Node {
int val;
Timestamp timestamp;
Node next;}
SPPool {
Node insert;// insert pointer
Node remove;// remove pointer
int id; // the thread ID
void Enqueue (int e){
Timestamp ts;
E0 SPPool pool:=pools[threadID];
E1 Node node:=pool.insert(e);
E2 ts:=newTimestamp( );
E3 node.timestamp:=ts;}
int Dequeue ( ){
Timestamp startTS; Bool success;
D0 while(true){
D1    startTS:= newTimestamp( );
D2    (success, e):=tryRem(startTS);
D3    if(success)
D4        break; }
D5 return e; }
(bool int) tryRem(Timestamp startTS){
```

```
Timestamp minimalTS,CurNodeTS;
SPPool candidateList;
Node[maxThreads] empty;
Node CurNode, CurTop;
T0 Node oldestNode:=NULL;
T1 minimalTS:=T;
T2 for each (SPPool CurList in pools ){
T3 (CurN,CurTop)= CurList.getOldest( );
// Emptiness check
T4    if (CurNode == NULL ){
T5        empty [CurList.id ]= CurTop;
SPPool [maxThreads] pools;
T6        continue; }
T7    CurNodTS:=CurNode.timestamp;
T8    if (minimalTS>_tsCurNodeTS ){
T9        oldestNode:=CurNode;
T10       minimalTS:=CurNodeTS;
T11       candidateList := CurList; }
}

// Emptiness check
T12 if (oldestNode == NULL ){
T13    for each (SPPool CurL in pools ){
T14    if(CurList.top≠empty [CurL.id ])
T15    return (false, NULL); }
T16    return (true, EMPTY);}
T17 if (minimalTS >_tsstartTS)
T18    return (false,NULL );
T19 return candiremove(oldestNode);}
```

图 5-6　时间戳队列

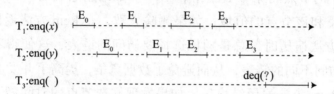

图 5-7　一个时间戳队列的并发执行示例

　　单链表有如下方法，这些方法是可线性化的，为简化讨论，本书假设这些方法是原子的。

　　insert(v)方法：在单链表尾节点后面插入一个新的、值域为v、时间戳为T的新节点，并返回一个指向该新节点的指针。

　　getOldest方法：如果链表不为空，返回链表的头节点（在单链表中，该节点的时间戳最小）和链表的栈顶指针；如果链表为空，则返回 null 和链表的栈顶指针。

　　remove(node)方法：尝试删除链表中的节点 node。如果删除成功，则返回 true 和 node 节点的值域中的值；如果删除失败，则返回 false 和 null。

　　入队操作首先获取当前线程对应的单链表（E_0），再调用 insert 方法（E_1），在它对应的链表中插入一个新的节点，然后调用时间戳生成方法。

　　newTimestamp 方法生成一个时间戳 ts（E_2），最后将新节点的时间戳域设置为 ts（E_3）。

　　出栈操作首先调用时间戳生成方法 newTimestamp 生成一个时间戳 startTS（D_1），然后调用 tryRem 方法获得返回值对 (success, v)（D_2）。如果 tryRem 方法返回的 success 为 true，则出栈操作返回 tryRem 方法返回的 v（D_5）；如果 tryRem 方法返回的 success 为 false，出栈操作将重新开始执行 tryRem 方法（D_1）。

　　tryRem 方法首先遍历所有的单链表（T_2），通过 getOldest 方法获得当前链表中时间戳最小的节点（T_3）。然后选择遍历过程中时间戳最小的节点删除（$T_7 \sim T_{11}$，T_{19}）。如果删除成功，tryRem 方法返回 true 和该节点的值域；如果删除失败，tryRem 方法返回 false。tryRem 方法遍历时，总是随机选择要访问的链表，这使得不同的线程同时访问不同的链表，从而避免了数据竞争，提高了并发度。

　　tryRem 方法遍历结束后，如果发现候选节点的时间戳大于出队操作的时间戳 startTS（T_{17}），那么该候选节点是一个无效的节点，

tryRem 方法返回 false（T_{17}）。空检查：tryRem 方法在遍历过程中如果发现某个单链表为空，则将 top 指针记录在 empty 数组中（T_4，T_5）。遍历结束后，如果候选节点为空（T_{12}），则再次检查每个单链表是否为空（$T_{13} \sim T_{16}$）。如果每个单链表仍为空，则 tryRem 方法返回 true 和 empty；否则，返回 false。为避免 ABA 问题，算法中的 top 指针增加了版本域。top 指针每变化一次，它的版本都会加 1。如果两个 top 指针相等，则意味着两者指向相同的地址空间，且拥有相同的版本号。因此遍历 empty 数组时，如果链表 top 指针等于 empty 数组中保存的值，那么 tryRem 方法两次访问该链表期间（$T_5 \sim T_{14}$），该链表一直为空。

　　时间戳队列的出队方法并没有固定的可线性化点。为解释这一点，考虑如图 5-7 所示的一个并发队列的执行。在该执行中，两个入队操作和一个出队操作访问一个并发队列。在两个并发队列的执行过程中，它们的时间戳算法是交错执行的（E_2），因此它们生成两个不可比较的时间戳。在这个出队操作执行前，虽然两个出队操作已经完成执行，但是不能判断出队操作将哪个入队操作插入的元素删除。这取决于出队操作将来的行为（因为出队操作遍历时随机选择列表访问）。因此，入队操作中没有语句能够选择为可线性化点。

　　对于任意一个时间戳队列完整的执行记录 H，令 Match 为一个从 DEQUEUE(H) 到 ENQUEUE(H) 和 ϵ 的映射，使得对于任意一个返回 empty 的出队操作 dequeue，Match(dequeue)=ϵ；对于任意一个不返回 empty 的出队操作 dequeue，入队操作 Match(dequeue) 插入的节点就是 dequeue 删除的节点。一个入队操作仅在它对应的链表中插入一个节点；一个出队操作要么不删除任何节点（返回 empty），要么仅删除一个节点；一个节点至多被删除一次。因此，Match 是一个安全的映射。

　　定理 5.1.5　时间戳队列的每一个完整的执行记录 H 相对标准的顺序队列规约都是可线性化的。

对于一个不返回 empty 的出队操作，选择成功删除节点的原子语句（T_{19}）作为它的可线性化点。对于一个返回 empty 的出队操作，选择 T_{12} 原子语句（在该原子语句执行时，所有的链表都为空）作为它的可线性化点。设 $deq_1, deq_2, \cdots, deq_n$ 是由上述可线性化点构造出来的 H 中的出队操作的线性化。下面证明 H 满足定理 5.1.5 中的两个条件。

（1）对于第 i 个出队操作 Deq_i，其中 $1 \le i \le n$，如果 $Match(Deq_i) = Enq_i \ne \epsilon$，那么 $\forall Enq_x \in Enq(H) - \{Match(Deq_1), \cdots, Match(Deq_{i-1})\}, Enq_x \prec_o Enq_i \wedge \forall j \in \{i, \cdots, n\}, Deq_j \prec_o Enq_i$。

证明：假设存在入队操作 $Enq_x \in Enq(H) - \{Match(Deq_1), \cdots, Match(Deq_{i-1})\}$ 使得 $Enq_x \prec_H Enq_i$。因为 $Enq_x <_{ts} Enq_i$ 和 $deq_i \prec_{ts} Enq_i$（根据条件语句 T_{17}），所以 $deq_i \prec_{ts} Enq_x$。在 Deq_i 遍历各个链表之前，Enq_x 和 Enq_i 就已经完成了插入节点的操作（根据语句 E_1 在 E_2 前面执行）。Deq_i 在遍历的过程中，总是选择一个时间戳最小的节点作为候选节点。因为 $Enq_x <_{ts} Enq_i$，所以 Deq_i 不会选择 Enq_i 插入的节点作为候选节点来删除。这与实际情况 $Match(Deq_i) = Enq_i \ne \epsilon$ 矛盾，所以假设不成立。因为 Enq_i 插入节点的操作（E_1）在 Deq_i 删除该节点的操作（T_{19}）之前执行。而 Deq_i 删除节点的动作在出队操作 $Deq_j \in \{Deq_{i+1}, \cdots, Deq_n\}$ 的删除节点操作之前执行（根据出队操作的线性化），因此 $Deq_j \prec_o Enq_i$。

（2）对于第 i 个出队操作 Deq_i，其中 $1 \le i \le n$：① 如果 $Match(Deq_i) = \epsilon$，那么 $before(Deq_i) \cap Enq(H) \subseteq \{Match(Deq_1), \cdots, Match(Deq_{i-1})\}$；② 令 $PPN = \{enq \mid enq \in Parall \ (Deq_i) \cap (Enq(H) - \{Match(Deq_1), \cdots, Match(Deq_{i-1})\})\}$，如果 $\forall m, x, x \le i-1 \wedge m \in PPN$，那么 $m \prec Deq_x$。

证明：因为链表在执行 Deq_i 的 T_{12} 语句时，所有的链表都为空，

所以在 Deq_i 前完成的入队操作插入的节点都被 Deq_i 前的出队操作删除，也就是 $\text{before}(\text{Deq}_i) \cap \text{Enq}(H) \subseteq \{\text{Match}(\text{Deq}_1), \cdots, \text{Match}(\text{Deq}_{i-1})\}$。对任意入队操作 $m \in \text{PPN}$，在 Deq_i 的 T_{12} 语句执行时，入队操作 m 并未完成插入节点的动作。而对所有的出队操作 Deq_x，$x \leqslant i-1$，在 Deq_i 的 T_{12} 语句执行前完成了删除节点的动作（根据出队操作的线性化），因此，$m \nprec \text{Deq}_x$。

当一个出队操作遍历访问一个空的链表后，如果一个元素（节点）插入该空链表，那么该元素可能比出队操作遍历后得到的候选节点 oldestNode 还更老。如果出队操作仍删除原来的候选节点，将导致执行是不可线性化的。为避免这个问题，当候选节点的时间戳（minimalTS）大于出队操作的时间戳（startTS，T_{17}）时，出队操作舍弃这个候选节点，然后重新调用 tryRem 方法。

为避免出队操作重新执行，本节对时间戳队列做如下优化：首先，当候选节点的时间戳大于出队操作的时间戳时，出队操作重新访问先前空的链表，得到它们最老的值。其次，将这些最老的值的时间戳与候选节点的时间戳比较，得到新的候选节点。最后，出队操作尝试删除这个新的候选节点。显然，这个新的候选节点就是当前队列中最老的节点，因此出队操作删除它是可线性化的。设一个数组 emptyLists[maxThreads] 用来记录出队操作遍历时为空的链表，即将 emptyLists[i++]=current 语句插到 T_5 和 T_6 之间。用下面的代码取代将原 T_{17} 和 T_{18} 的语句，优化的代码如下：

```
if(minimalTS >ts startTS){
    for each(SPPoolCurListinemptylists){
    (CurNode,CurTop)=CurList.getOldest();
    CurNodeTS:=CurNode.timestamp;
    if(CurNode ≠ nullandminimalTS >ts tsCurNodeTS){
        oldestNode:=CurNode;
        minimalTS:=CurNodeTS;
```

candidateList:=CurList;

}

}}

5.1.6 验证其他并发队列

表 5-1 所列是笔者已经使用本章验证技术验证了的 8 个并发队列。其中，En_FLP 代表并发队列的入队操作是否有固定的可线性化点，De_FLP 代表并发队列的出队操作是否有固定的可线性化点，Ty_De_FLP 代表一个不返回空的出队操作的可线性化点的类型（是逻辑删除还是物理删除）。

表5-1　已验证的并发队列

并发数据结构	En_FLP	De_FLP	Ty_De_FLP
HW 队列	否	是	物理删除
MS 无锁队列	是	是	物理删除
篮式队列	否	是	物理删除
LCRQ 队列	是	是	逻辑删除
TS 队列	否	是	物理删除
基于乐观锁的集合队列	是	是	物理删除
FA 栈	是	是	逻辑删除
CC 队列	是	是	物理删除

MS 无锁队列是一个基于单链表的并发队列，一个入队操作总是在单链表的末尾插入一个节点。入队操作有如下属性：由单链表每个节点映射成插入该节点的入队操作而生成的序列是对应入队操作的一个线性化。一个不返回 empty 的出队操作总是删除链表的头节点，显然头节点对应的入队操作是先于偏序关系上的极小元。出队操作成功删除节点的 cas 指令动作是其线性化点，出队操作按线性化点排序后，显然它们依次删除的是入队操作在先于偏序关系上的极小元插入的节点。

篮式队列也是一个基于单链表的并发队列，与 MS 无锁队列不同，入队操作并不总是在单链表的末尾插入节点，而是将节点插入自己对应的"篮子"中。例如，考虑图 5-8 所示的执行。

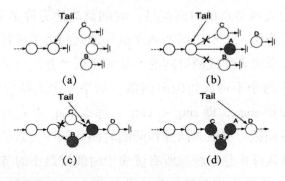

图 5-8　一个篮式队列的执行

图 5-8（a）展示了线程 A、B、C 并行地尝试通过 cas 指令往 Tail 处插入各自的节点。图 5-8(b) 展示了线程 A 成功插入一个节点，线程 B 和 C 失败，同时刚进入的线程 D 尝试插入节点。与线程 D 不同，线程 B 和 C 已经与线程 A 构成一个"篮子"，线程 B 和 C 将继续往原来的节点处插入节点，而线程 D 将往 Tail 处插入节点。图 5-8（c）展示了 Tail 指针已经移动到线程 A 插入的节点，线程 D 成功地在 Tail 后面插入节点，线程 B 成功地在原来的节点处插入节点。图 5-8（d）展示了 Tail 指针已经移动到线程 D 插入的节点，线程 C 成功地在原来的节点处插入节点。注意：入队操作没有固定的线性化点，在同一个"篮子"中，一个先进入链表的节点可能比后进入链表的节点后删除，图 5-8 中线程 C 插入的节点将比线程 A 插入的节点先删除。另外，同一个"篮子"中，对应的线程是并行交错执行的。所以，篮式队列的入队操作同样有如下属性：由单链表每个节点映射成插入该节点的入队操作而生成的序列是对应入队操作的一个线性化。出队操作总是删除链表的头节点，出队操作成功删除节点的 cas 指令动作是其线性化点，出队操作按线性化点排序后，显然它们依次删除的是入队操作在先于偏序关系上的极小元插入的节点。

时间戳队列由多个单链表构成，每一个线程单独拥有一个单链表，线程只在自己对应的单链表中插入节点。节点域中含有一个时间戳域，入队操作插入节点后，调用时间戳算法生成一个时间戳，然后将该时间戳写入该节点的时间戳域。时间戳算法有许多不同的实现，这些实现都能确保：①对于两个顺序执行的时间戳生成算法，后者生成的时间戳大于前者生成的时间戳。②对于两个并发交错执行的时间戳算法，生成两个不可比较的时间戳。如果一个入队操作 enq_1 先于另一个入队操作 enq_2，即 $enq_1 \prec_o enq_2$，那么 enq_1 生成的时间戳小于 enq_2 生成的时间戳。所以入队操作间的时间戳偏序关系是先于偏序关系的扩展。出队操作总是删除所有链表中时间戳最小的节点。根据性质 2.1.3 可得，出队操作删除的是入队操作在先于偏序关系上的极小元插入的节点。时间戳队列的可线性化证明可见文献 [97]。

5.2 验证并发栈

给出基于先于偏序属性的并发栈可线性化的充分必要条件是困难的，虽然 Henzinger 等人在 2013 年提出了基于先于偏序属性的并发队列可线性化的充分必要条件，但迄今未有研究工作将它扩展到并发栈中。如果像并发队列那样给出并发栈"后进先出"的属性，即存在一个出栈操作的线性化，使得出栈操作依次删除的是入栈操作在先于偏序关系中的极大元插入的值。然而这个条件仅是一个充分条件，而非必要条件。例如，考虑如图 5-9 所示的一个并发栈的执行。

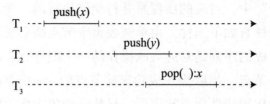

图 5-9 一个并发栈的执行示例

　　线程 3 的出栈操作删除的是线程 1 的入栈操作 push(x) 插入的值，它不是入栈操作在先于偏序关系中的一个极大元，而是一个最小值，该执行是可线性化的，即 push(x); pop(); push(y)。

　　无论是在 Treiber 栈、HSY 栈还是时间戳栈中，上面的执行都是一个可行的执行过程。因此，这个验证条件太强而不能验证大多数的并发栈。

5.2.1 并发栈可线性化的充要条件一

　　如果一个入栈操作和一个出栈操作并发交错执行，且该出栈操作删除的是这个入栈操作插入的值，称这样的入栈操作和出栈操作为一对抵消操作。定理 5.2.1 证明了对于一个并发栈的执行记录，如果删除抵消操作对后是可线性化的，那么整条执行记录都是可线性化的。

　　定理 5.2.1　对于一个存在抵消操作对的执行记录 H，设删除其中的一对抵消操作后的执行记录为 H'。如果 H' 相对栈的规约是可线性化的，那么 H 相对栈的规约也是可线性化的。

　　证明：设 push(x) 和 pop( ):x 为 H 中的一对抵消操作，考虑两种情况，并分别证明这两种情况下定理都将成立。

　　（1） push(x) 比 pop( ):x 先开始执行。在这种情况下，如图 5-10 所示，有下列三个属性：

　　① 　 $\forall$op'，op' $\in$ after(pop( ):x) $\Rightarrow$ op' $\in$ after(push(x))， 　 即 　 在 pop( ):x 完成后开始执行的操作也在 push(x) 完成后开始执行。

　　② $\forall$op', op' $\in$ parallel(pop( ):x) $\Rightarrow$ op' $\prec_o$ push(x)， 即与 pop( ):x 并行交错的操作不可能在 push(x) 开始执行前完成。

　　③ $\forall$op'，op' $\in$ before(pop( ):x) $\Rightarrow$ push(x) $\prec_o$ op'，即在 pop( ):x 开始执行前完成的操作不会在 push(x) 完成后开始执行。

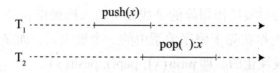

图 5-10 入栈操作先于出栈操作的执行

如果 H 中有在 $pop(x)$ 之前完成的操作，根据性质 2.1.2，可以插入 $pop(\ ):x$，使得前面一个操作 op 在 $pop(x)$ 之前已完成，且整个序列不违反操作间的先于偏序关系：

$$\cdots,\ op,\ pop(\ ):x,\cdots$$

op 操作要么与 $push(x)$ 操作并行执行，要么在 $push(x)$ 操作开始执行前完成执行，分别如图 5-11、图 5-12 所示。无论 op 与 $push(x)$ 的关系属哪种情况，都会有下面两个属性：

④ $\forall op',\ op' \in before(op) \Rightarrow op' \in before(push(x))$，即在 op 开始执行前完成的操作也在 $push(x)$ 开始执行前完成。

⑤ $\forall op',\ op' \in parallel(op) \Rightarrow push(x) \prec_o op'$，即与 op 交错执行的操作不会在 $push(x)$ 完成后开始执行。

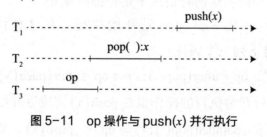

图 5-11 op 操作与 push(x) 并行执行

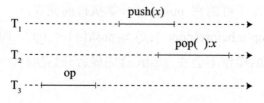

图 5-12 op 操作在 push(x) 执行前已完成

然后将 push(x) 插到 op 和 pop( ):x 之间：

$$\cdots,\ op,\ push(x),\ pop(\ ):x,\cdots$$

根据属性①和②，序列中 pop( ):x 后面的操作和 push(x) 操作不违反操作间的先于偏序关系。根据属性③，push(x) 和 op 不会违反操作间的先于偏序关系。根据属性④和⑤，push(x) 与序列中 op 前面的操作不违反操作间的先于偏序关系。所以，插入 push(x) 和 pop( ):x 之后，这个顺序序列不会违反操作间的先于偏序关系。显然这个序列符合栈的顺序语义，所以…, op, push(x), pop( ):x,…是 H 的一个线性化。如果 H' 中没有在 pop(x) 开始执行之前完成的操作，push(x) 和 pop( ) 插到 H' 线性化序列的前面。根据属性①和②，可得 (push(x),pop( ):x)$\wedge H'$ 是 H 的一个线性化。

（2） pop( ):x 比 push(x) 先开始执行，如图 5-13 所示。

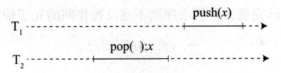

图 5-13　出栈操作先于入栈操作的执行

在这种情况下，有下列三个属性：

① $\forall op',\ op' \in after(push(x)) \Rightarrow op' \in after(pop(\ ):x)$。

② $\forall op',\ op' \in parallel(push(x)) \Rightarrow op' \prec_{o} pop(\ ):x$。

③ $\forall op',\ op' \in before(push(x)) \Leftarrow pop(\ ):x \prec_{o} op'$。

如果 H' 中有在 push(x) 之前完成的操作 op，那么 op 要么与 pop( ):x 操作并行执行，要么在它前面完成执行，分别如图 5-14、图 5-15 所示。无论 op 与 pop( ):x 的关系属哪种情况，都会有下面两个属性：

④ $\forall op',\ op' \in before(op) \Rightarrow op' \in before(pop(\ ):x)$。

⑤ $\forall op', op' \in parallel(op) \Rightarrow pop():x \prec_o op'$。

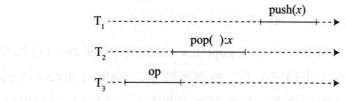

图 5-14 op 操作与 pop 操作并行执行

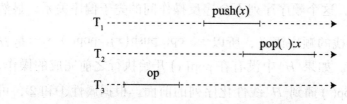

图 5-15 op 操作先于 pop 操作执行

在 H' 的线性化序列中，插入 $push(x)$，使得前面一个操作 op 在 $push(x)$ 之前已完成，且整个序列不违反操作间的先于偏序关系：

$$\cdots, op, push(x), \cdots$$

然后将 $pop(x)$ 插到 $push(x)$ 之后：

$$\cdots, op, push(x), pop(x), \cdots$$

根据属性①和②，序列中 $pop():x$ 后面的操作和 $pop():x$ 之间不违反操作间的先于偏序关系。

根据属性③，$pop():x$ 和 op 不会违反操作间的先于偏序关系。

根据属性④和⑤，$pop():x$ 与序列中 op 前面的操作不会违反操作间的先于偏序关系。

所以，这个顺序序列不会违反操作间的先于偏序关系。显然这个序列符合栈的顺序语义，所以 $\cdots$, op, $push(x)$, $pop():x, \cdots$是 H 的一个线性化。如果 H' 中没有 $push(x)$ 之前完成的操作，根据属性①和

②，显然序列 $(\text{push}(x),\text{pop}(\ ):x)^\frown H'$ 是 H 的一个线性化。

对于一条并发栈的执行记录 H，用 $\text{push}(H)$ 表示 H 中入栈操作的集合，用 $\text{pop}(H)$ 表示 H 中出栈操作的集合。下面定义 $\text{pop}(H)$ 到 $\text{push}(H)$ 的安全映射。

对于一条并发栈的完整的执行记录 H，一个从 $\text{pop}(H)$ 到 $\text{push}(H)$ 和 ϵ 的映射 Match 是安全的，当且仅当满足下述条件：

（1）如果 $\forall\text{pop}\in\text{pop}(H)$ 和 $\text{Match}(\text{pop})\neq\epsilon$，那么出栈操作 pop 的返回值为 $\text{Match}(\text{pop})$ 插入的值。

（2）如果 $\forall\text{pop}\in\text{pop}(H)$ 和 $\text{Match}(\text{pop})=\epsilon$，那么出栈操作 pop 的返回值为 empty。

（3）如果 $\forall\text{pop},\ \text{pop}'\in\text{pop}(H)$，$\text{Match}(\text{pop})\neq\epsilon\wedge\text{Match}(\text{pop}')\neq\epsilon$，那么 $\text{Match}(\text{pop})\neq\text{Match}(\text{pop}')$。

定理 5.2.2 给出的条件刻画了并发栈"后进先出"的属性。直观地讲，给出一个执行中出栈操作的线性化，证明它们依次删除的是入栈操作在先于偏序扩展关系中的极大元插入的值。

定理 5.2.2　假设一个并发栈 Z、它的规约 A 和两者的抽象函数 AF。对于并发栈 Z 的任意一个从空栈开始[如果初始状态为 σ_z，那么 $\text{AF}(\sigma_z)=(\ )$]执行产生的完整的执行记录 H，H 是可线性化的，当且仅当存在一个从 $\text{push}(H)$ 到 $\text{pop}(H)$ 和 ϵ 的安全映射 Match，存在 H 中所有出栈操作的一个线性化 $\text{Pop}_1,\text{Pop}_2,\cdots,\text{Pop}_n$（也就是 $\text{pop}(H)=\{\text{Pop}_1,\text{Pop}_2,\cdots,\text{Pop}_n\}\wedge x<y\Rightarrow\text{Pop}_y\prec_o\text{Pop}_x$）和存在一个操作间的先于偏序关系的扩展的偏序 $\prec_e$，使得：

（1）对于任意一个出队操作 Pop_i，$\forall i,\ j,\ 1\leqslant i\leqslant n$，$1\leqslant j\leqslant i-1$，$\text{Match}(\text{Pop}_j)\neq\epsilon\Rightarrow\text{Pop}_i\prec_o\text{Match}(\text{Pop}_j)$。

（2）令 $\text{push}=\{\text{push}\mid\text{push}\in\text{Pop}_1\prec_e\text{push}\}$。如果 $\text{Match}(\text{Pop}_1)=\text{Push}_1\neq\epsilon$，那么 $\text{Push}_1\in\text{push}'\wedge\ \forall\text{push}\in\text{push}',\text{Push}_1\prec_e\text{push}$。如果 $\text{Match}(\text{Pop}_1)=\epsilon$，那么 $\text{before}(\text{Pop}_i)$ 为空集。

（3）如果 $\mathrm{Match}(\mathrm{Pop}_i) = \mathrm{Push}_i \neq \epsilon$，令 $\mathrm{push}' = \{\mathrm{push} \mid \mathrm{push} \in \mathrm{push}(H) - \{\mathrm{Match}(\mathrm{Pop}_1), \cdots, \mathrm{Match}(\mathrm{Pop}_{i-1})\} \wedge \mathrm{Pop}_i \nprec_e \mathrm{push}\}$，那么 $\mathrm{Push}_i \in \mathrm{push}' \wedge \forall \mathrm{push} \in \mathrm{push}', \mathrm{Push}_i \nprec_e \mathrm{push}$。

（4）如果 $\mathrm{Match}(\mathrm{Pop}_i) = \epsilon$，那么 $\mathrm{before}(\mathrm{Pop}_i) \cap \mathrm{push}(H) \subseteq \{\mathrm{Match}(\mathrm{Pop}_1), \cdots, \mathrm{Match}(\mathrm{Pop}_{i-1})\}$；令 $\mathrm{PPN} = \{\mathrm{push} \mid \mathrm{push} \in \mathrm{Parall}(\mathrm{Pop}_i) \cap (\mathrm{push}(H) - \{\mathrm{Match}(\mathrm{Pop}_1), \cdots, \mathrm{Match}(\mathrm{Pop}_{i-1})\})\}$，$\forall \mathrm{push}, x, x \leq i-1 \wedge \mathrm{push} \in \mathrm{PPN} \Rightarrow \mathrm{push} \nprec \mathrm{Pop}_x \wedge \mathrm{push} \nprec \mathrm{Match}(\mathrm{Pop}_x)$。

1）充分性证明

首先证明当 H 中不包括返回 empty 的出栈操作时，H 满足以上条件时是可线性化的；然后证明 H 中包括返回 empty 的出栈操作的情况。

（1）当 H 中每一个出栈操作都不返回 empty 时，H 是可线性化的。

证明：构造线性化的过程是首先对 H 中所有的入栈操作排序，然后对排序得到的入栈操作序列依次插入出栈操作 $\mathrm{Pop}_1, \mathrm{Pop}_2, \cdots, \mathrm{Pop}_n$。

第 1 步：对 H 中所有的入栈操作按如下规则排序。

首先选取 $\mathrm{push}(H)$ 集合在偏序 $\prec_e$ 上的极大元中最先被删除的一个入栈操作，如果极大元中的入栈操作都没有被删除，则任意选择其中的一个，设这一步选取的入栈操作为 Push^n。删除 $\mathrm{push}(H)$ 集合中选取的 Push^n 入栈操作，按第 1 步的方法选取一个入栈操作（设为 Push^{n-1}）放在 Push^n 的左边，即 $(\mathrm{Push}^{n-1}, \mathrm{Push}^n)$。依此类推，直到所有的入栈操作都已排序。假设排好序的入栈操作序列为 $\mathrm{Push}^1, \cdots, \mathrm{Push}^n$，入栈操作序列有如下属性：

属性 1：经过排序后，对于每一个入栈操作 push，在由它左边所有的入栈操作构成的集合中，push 是这个集合在偏序 $\prec_e$ 上的极大元。如果这个集合中有多个极大元且 push 插入的元素被删除，那么在这几个极大元插入的元素中，push 插入的元素最先被删除。

第 2 步：对入栈操作序列，依次插入出栈操作 Pop_1, Pop_2,…, Pop_n，插入的方式如下。由性质 2.1.2 可得，如果入栈操作序列中存在大于（在偏序关系 $\prec_e$ 上）Pop_1 的元素，那么把 Pop_1 插入入栈操作序列，使得 Pop_1 小于它右边相邻的元素（设为 $Push_x$），且新序列不违反偏序关系 $\prec_e$。如果入栈操作序列中不存在大于（在偏序关系 $\prec_e$ 上）Pop_1 的元素，那么把 Pop_1 插到入栈操作序列的末尾，显然新序列不违反偏序关系 $\prec_e$。经过上述插入，如果 $Match(Pop_1)$ 位于 $Push_x$ 右边，则删除 Pop_1 和它对应的入栈操作 $Match(Pop_1)$（它们是一对抵消操作）。经过上述处理后，有如下属性：

属性 2：由定理 5.2.2 中的条件（2）可得，$Match(Pop_1)$ 不可能是 $Push_x$。下面考虑 $Match(Pop_1)$ 位于 $Push_x$ 左边和右边两种情况：如果 $Match(Pop_1)$ 位于 $Push_x$ 左边，根据属性 1 和定理 5.2.2 中的条件（2），则 $Match(Pop_1)$ 是 Pop_1 前面操作中最先删除的一个极大元，所以 Pop_1 左边相邻的是 $Match(Pop_1)$。

属性 3：如果 $Match(Pop_1)$ 位于 $Push_x$ 右边，则 Pop_1 和它对应的入栈操作 $Match(Pop_1)$ 形成抵消操作对。如果 $Match(Pop_1)$ 先于 Pop_1 完成，一定有 $Match(Pop_1) \prec_e Pop_1$。根据 $Pop_1 \prec_e Push_x$，得到 $Match(Pop_1) \prec_e Push_x$。由 $Match(Pop_1) \prec_e Push_x$ 可得 $Match(Pop_1)$ 一定位于 $Push_x$ 的前面，与条件相矛盾。所以 Pop_1 和它对应的入栈操作 $Match(Pop_1)$ 交错执行。

由上面的属性可得，经过第 1 步操作，插入 Pop_1 后，整个序列不会违反 $\prec_e$ 关系，由性质 2.1.1 可得，整个序列也不会违反先于偏序关系 $\prec_e$。在新序列中，Pop_1 左边的操作是 $Match(Pop_1)$ 入队操作。

第 3 步：类似 Pop_1，对于每一个 Pop_i，$2 \leqslant i \leqslant n$，如果入栈操作序列中存在大于（在偏序关系 $\prec_e$ 上）Pop_i 的元素，则把 Pop_i 插入序列中，使得它小于右边相邻的元素（设为 $Push_y$）；如果入栈操作序列中不存在大于（在偏序关系 $\prec_e$ 上）Pop_i 的元素，那么把 Pop_i 插入序列的末尾。经过上述处理，如果 $\text{Match}(\text{Pop}_i)$ 位于 Push_y 右边，则删除 Pop_i 和它对应的入栈操作 $\text{Match}(\text{Pop}_i)$（它们是一对抵消操作）。

经过上述处理后，有如下属性：

属性 4：如果 Pop_i 插入序列末尾，根据属性 1 和定理 5.2.2 中的条件（3），显然 Pop_i 删除的是除前面被删除的入栈操作外最先删除的一个极大元。所以除前面被删除的入栈外，$\text{Match}(\text{Pop}_i)$ 向左最靠近 Pop_i。

属性 5：由定理 5.2.2 中的条件（3）可得，$\text{Match}(\text{Pop}_i)$ 不可能是 Push_y。如果 $\text{Match}(\text{Pop}_i)$ 位于 Push_y 右边，类似属性 3 的证明，则 Pop_i 和它对应的入栈操作 $\text{Match}(\text{Pop}_i)$ 构成抵消对。

属性 6：如果 $\text{Match}(\text{Pop}_i)$ 位于 Push_y 左边，根据属性 1 和定理 5.2.2 中的条件（3），则 $\text{Match}(\text{Pop}_i)$ 除被 Pop_i 前面出栈操作删除的入栈操作外，位于 Pop_i 操作的最左边。如果 Pop_i 不会位于前面删除的入栈操作和出栈操作之间，则 Pop_i 位置不变，显然满足栈"后进先出"的属性。

如果 Pop_i 位于前面删除的入栈操作和出栈操作之间，如 $\cdots,\text{Match}(\text{Pop}_i),\cdots,\text{Push}_z,\cdots,\text{Pop}_i,\text{Push}_y,\cdots,\ \text{Pop}_z,\cdots$，则把 Pop_i 移动到 Pop_z 之后：$\cdots,\text{Push}_i,\cdots,\text{Push}_z,\cdots,\text{Push}(y),\cdots,\ \text{Pop}_z,\text{Pop}_i,\cdots$

根据定理 5.2.2 中的条件（1）（后面删除的出栈操作总是和前面入栈操作并行或在其之后）可得，把 Pop_i 移动到 Pop_z 之后，不会打破 Pop_i 和 Pop_z 左边入栈操作的先于偏序关系。因为 Pop_i 是后删除的，所以也不会破坏 Pop_z 左边（包括 Pop_z）的出栈操作的先于偏序关系。显然，Pop_i 向后移动到 Pop_z 之后，Pop_i 和 Pop_z 之后的操作也不会破坏先于偏序关系。把 Pop_i 移动到 Pop_z 后的序列显然满足栈"后进先出"的属性。

经过这步操作后的序列是一个满足栈的"后进先出"的语义的线性化序列。

第 4 步：把前两步删除的抵消操作对按定理 5.2.1 的证明过程中的方法插入第 3 步完成后的序列中。

显然经过第 4 步操作后的序列是 H 的一个线性化。

（2）当 H 中含有返回 empty 的出栈操作时，H 是可线性化的。

证明：可以通过如下过程构建线性化。总的来说，如果 $\text{Match}(\text{Pop}_i) = \epsilon$，可以先将 Pop_1 到 Pop_{i-1} 的出栈操作以及和它们对应的入栈操作按照（1）的过程（即当 H 中不含 empty 出栈操作时的线性化构造过程）线性化为 A，将 H 中的其他操作（除 A 中的操作和 Pop_i）线性化为 B，然后将 Pop_i 插入两者之间，即 $H = A^\frown (\text{Pop}_i)^\frown B$。显然 H 出栈操作之间不会违反先于偏序关系。下面证明入栈操作之间、入栈操作与出栈操作之间也不会违反先于偏序关系。设 Push_x 和 Pop_x 分别属于 A 中的入栈和出栈操作，设 Push_y 和 Pop_y 分别属于 B 中的入栈和出栈操作，由定理 5.5.2 中的条件（1）可得，$\text{Pop}_y \prec_o \text{Push}_x$，$\text{Pop}_i \prec_o \text{Push}_x$。根据定理 5.2.2 中的条件（4），$\text{Push}_y$ 要么与 Pop_i 并行，要么位于 Pop_i 之后，无论哪种情况，都有 $\text{Push}_y \prec_o \text{Push}_x$ 和 $\text{Push}_y \prec_o \text{Pop}_x$。

2）必要性证明

H 是可线性化的，因此存在一个顺序合法的执行记录 H'，使得 $H \subseteq H'$。从 H' 中提取出队操作的序列 Pop_1, Pop_2,…, Pop_n，令 H' 中的线性化全序作为先于偏序关系 $\prec_o$ 的扩展偏序 $\prec_e$，现证明它们满足定理 5.2.2 中的条件。

（1）对任意一个出队 $\text{Pop}_i \forall i, j,\ 1 \leqslant i \leqslant n, 1 \leqslant j \leqslant i-1,\ \text{Match}(\text{Pop}_j) \neq \epsilon \Rightarrow \text{Pop}_i \prec_o \text{Match}(\text{Pop}_j)$。

证明：在 H' 中，$\text{Match}(\text{Pop}_j) \prec_e \text{Pop}_j$ 和 $\text{Pop}_j \prec_e \text{Pop}_i$。由偏序关系的传递性可得 $\text{Match}(\text{Pop}_j) \prec_e \text{Pop}_i$。如果 $\text{Pop}_i \prec_o \text{Match}(\text{Pop}_j)$，由扩展偏序的性质可得 $\text{Pop}_i \prec_e \text{Match}(\text{Pop}_j)$，与在 H' 中两者的偏序关

系矛盾，因此 $\mathrm{Pop}_i \nprec_o \mathrm{Match}(\mathrm{Pop}_j)$。

（2）令 $\mathrm{push}' = \{\mathrm{push} \mid \mathrm{push} \in \mathrm{Pop}_1 \nprec_e \mathrm{push}\}$。如果 $\mathrm{Match}(\mathrm{Pop}_1) = \mathrm{Push}_1 \neq \epsilon$，那么 $\mathrm{Push}_1 \in \mathrm{push}' \wedge \forall \mathrm{push} \in \mathrm{push}'$，$\mathrm{Push}_1 \nprec_e \mathrm{push}$。如果 $\mathrm{Match}(\mathrm{Pop}_1) = \epsilon$，那么 $\mathrm{before}(\mathrm{Pop}_i)$ 为空集。

证明：如果 $\mathrm{Match}(\mathrm{Pop}_1) = \mathrm{Push}_1$，那么在 H' 中 Pop_1 的左边是 Push_1，因此 $\forall \mathrm{push} \in \mathrm{push}'$，$\mathrm{Push}_1 \nprec_e \mathrm{push}$。如果 $\mathrm{Match}(\mathrm{Pop}_1) = \epsilon$，则 Pop_1 是 H' 中的第一个元素，显然 $\mathrm{before}(\mathrm{Pop}_i)$ 为空集。

（3）如果 $\mathrm{Match}(\mathrm{Pop}_i) = \mathrm{Push}_i \neq \epsilon$，令 $\mathrm{push}' = \{\mathrm{push} \mid \mathrm{push} \in \mathrm{push}(H) - \{\mathrm{Match}(\mathrm{Pop}_1), \cdots, \mathrm{Match}(\mathrm{Pop}_{i-1})\} \wedge \mathrm{Pop}_i \nprec_e \mathrm{push}\}$，那么，$\mathrm{Push}_i \in \mathrm{push}' \wedge \forall \mathrm{push} \in \mathrm{push}'$，$\mathrm{Push}_i \nprec_e \mathrm{push}$。

证明：H' 是一个顺序的合法的完整的执行记录，满足"后进先出"的属性。因此除 $\mathrm{Match}(\mathrm{Pop}_1), \cdots, \mathrm{Match}(\mathrm{Pop}_{i-1})$ 这些入栈操作外，Push_i 是左边最靠近 Pop_i 的入栈操作。

（4）如果 $\mathrm{Match}(\mathrm{Pop}_i) = \epsilon$，那么（a）$\mathrm{before}(\mathrm{Pop}_i) \cap \mathrm{push}(H) \subseteq \mathrm{PPN} = \{\mathrm{push} \mid \mathrm{push} \in \mathrm{Parall}(\mathrm{Pop}_i) \cap \{\mathrm{Match}(\mathrm{Pop}_1), \cdots, \mathrm{Match}(\mathrm{Pop}_{i-1})\}$；（b）令 $(\mathrm{push}(H) - \{\mathrm{Match}(\mathrm{Pop}_1), \cdots, \mathrm{Match}(\mathrm{Pop}_{i-1})\})$，$\forall \mathrm{push}$，$x$，$x \leqslant i-1 \wedge \mathrm{push} \in \mathrm{PPN} \Rightarrow \mathrm{push} \nprec_o \mathrm{Pop}_x \wedge \mathrm{push} \nprec_o \mathrm{Match}(\mathrm{Pop}_x)$。

证明：在 H' 中，$\mathrm{before}(\mathrm{Pop}_i)$ 在 Pop_i 的前面完成，因此条件（a）成立。与 Pop_i 并行且插入的值未被前面出栈操作删除的入栈操作 $\mathrm{push} \in \mathrm{PPN}$ 在 Pop_i 的后面完成，因此条件（b）成立。

定理 5.2.3 假设一个并发栈 Z、它的规约 A 和两者的抽象函数 AF。如果 Z 的任意一个从空栈开始执行中所产生的完整的执行记录是可线性化的，那么 Z 从任意良形的状态开始执行中所产生的完整的执行记录也是可线性化的。

证明：通过类似于定理 5.1.2 的证明可得。

5.2.2 验证时间戳栈

图 5–16 展示了时间戳栈的代码，它的内部时间戳数据结构如图 5–17 所示。时间戳算法调用 newTimestamp( ) 方法生成一个时间戳，使用 $>_{ts}$ 表示时间戳的大小关系。对于两个时间戳 t_1 和 t_2，如果 $t_1 >_{ts} t_2$，则称 t_1 大于 t_2；如果 $t_1 \not>_{ts} t_2 \wedge t_2 \not>_{ts} t_1$，则称 t_1 和 t_2 是不可比较的。令 $\top$ 表示一个无穷大的时间戳。时间戳算法有许多不同的实现，这些实现都能确保：①对于两个顺序执行的时间戳生成算法，后者生成的时间戳大于前者生成的时间戳；②对于两个并发交错执行的时间戳算法，生成两个不可比较的时间戳。

```
Node {                                    T0  Node CandNode = NULL;
Val val;                                  T1  Timestamp MaxTS = -1;
Timestamp timestamp;                      T2  for each ( List CurList in Pools ){
Node next; }                                  Node CurNode , CurTop ;
List {                                        Timestamp curTS;
Node top ;    int id;                     T3  (CurNode,CurTop)= CurL.getYgest();
Node insert(Element e);                    // 记录空链表
(bool, e) remove (Node Top, Node n );     T4  if (CurNode == NULL ){
(Node, Node)getYoungest( ); }             T5  empty [CurList.id ]= CurTop;
TSStack {                                 T6  continue; }
List [maxThreads] Pools; }                T7  CurTS= CurNode.timestamp;
void Push (Val v){                        // 抵消机制
E0  List CurList:=pools[threadID];        T8  if ( startT <ts CurTS )
E1  Node node:=CurList.insert(v);         T9  return CurList.remove(CurT, CurN);
E2  Timestamp ts:=newTimestamp();         //得到拥有最大时间戳候选节点
E3  node.timestamp:=ts; }                 T10 if (MaxTS <ts CurTS ) {
Val Pop (){                               T11 CandNode = CurNode;
Timestamp startTime;                      T12 MaxTS =CurTS;
bool success;    Val v;                   T13 CandList= CurList;
D0  startTime:= newTimestamp( );          T14 CandTop=CurTop; }}
D1  while(true){                          // 检查当前所有链表是否为空
D2  (success, v):=tryRem(startTime);      T15 if (CandNode == NULL ){
D3  if(success)                           T16 for each (List CurList in Pools ){
D4  break;                                T17 if (CurList.top≠empty [CurList.id ])
}                                         T18 return (false, NULL ); }
D5  return v; }                           T19 return (true,EMPTY ); }
(bool,Val) tryRem (TimeStamp startT){     //删除候选节点
List CandList;    Node CandTop;           T20 return Can.remove(CandT, CandN );
Node[maxThreads] empty;                   }
```

图 5–16　时间戳栈代码

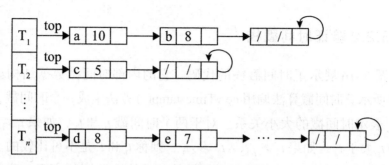

图 5-17　时间戳栈数据结构

单链表中的每个节点含有三个域，分别是数据域 val、时间戳域 timestamp 和下一节点指针域 next。每一个线程对应一个单链表，单链表中的 id 属性代表操作该链表的线程 id，线程仅在自己对应的单链表中插入元素。每个单链表含有一个 top 指针和一个哨兵节点（next 指针指向它自己），top 指针指向链表的第一个节点。初始化时，top 指针指向哨兵节点，表明此时链表为空。

单链表上可线性化的方法如下，为简化讨论，本书假设这些方法是原子的。

insert(v) 方法：在单链表头节点前面插入一个新的、值域为 v、时间戳为⊤的新节点，并返回一个指向该新节点的指针。

getYoungest 方法：如果链表不为空，返回链表的头节点（在该单链表中，该节点的时间戳最大）和链表的栈顶指针；如果链表为空，则返回 null 和链表的栈顶指针。

remove(node) 方法：尝试删除链表中的节点 node。如果删除成功，则返回 true 和节点 node 值域中的值；如果删除失败，则返回 false 和 null。

入栈操作首先获取当前线程对应的单链表（E_0），接着调用 insert 方法（E_1），在它对应的链表中插入一个新的节点，然后调用时间戳生成方法 newTimestamp 生成一个时间戳 ts（E_2），最后将新节点的时间戳域设置为 ts（E_3）。

出栈操作方法首先调用时间戳生成方法 newTimestamp 生成一个时间戳 startTime（D_0），然后调用 tryRem 方法获得返回值对 (success, v)（D_2）。如果 tryRem 方法返回的 success 为 true，则出栈操作返回 tryRem 方法返回的 v（D_5）；如果 tryRem 方法返回的 success 为 false，则出栈操作重新开始执行 tryRem 方法（D_1）。

tryRem 方法首先遍历所有的单链表（T_2），通过 getYoungest 方法获得当前链表中时间戳最大的节点（T_3）。然后选择遍历过程中一个时间戳最大的节点删除（$T_{10} \sim T_{14}$，T_{20}）。如果删除成功，tryRem 方法返回 true 和该节点的值域；如果删除失败，tryRem 方法返回 false。

tryRem 方法在遍历过程中，如果当前链表中时间戳最大的节点的时间戳大于它自己的时间戳 startTime（实际上是相应出栈操作的时间戳，通过参数传入），说明插入该节点的入栈操作和该出栈操作并发交错执行，构成抵消操作对，那么 tryRem 方法尝试删除该节点（T_8，T_9）。如果删除成功，tryrem 方法返回 true 和该节点的值域；如果删除失败，tryRem 方法返回 false。我们把在这一过程中的一个成功删除该节点的出栈操作和插入该节点的入栈操作称为时间戳抵消对操作。

tryRem 方法在遍历过程中如果发现某个单链表为空，则将 top 指针记录在 empty 数组中（T_4，T_5）。遍历结束后，如果每一个单链表都为空（T_{15}），则再次检查每个单链表是否为空（$T_{16} \sim T_{18}$）。如果每个单链表仍为空，则 tryRem 方法返回 true 和 empty；否则，tryRem 方法返回 false。为避免 ABA 问题，算法中的 top 指针增加了版本域。top 指针每变化一次，它的版本都会加 1。如果两个 top 相等，则意味着两者指向相同的地址空间，且拥有相同的版本号。

5.2.2.1　时间戳栈可线性化证明

性质 5.2.1　对于一个时间戳栈的完整的执行记录 H，H 中入栈和出栈操作集合上的偏序 $<_{ts}$ 是一个在该集合上的先于偏序关系 $\prec_o$ 的

扩展。

证明：对于 H 中的任意两个操作 O_1 和 O_2，如果 $O_1 \prec_o O_2$，那么 O_1 比 O_2 先完成。由此可得 O_1 中调用的时间戳方法比 O_2 中调用的时间戳方法先完成，即 $O_1 <_{ts} O_2$。

性质 5.2.2 对于时间戳栈的任意一个执行，如果一个出栈操作返回 empty，则在出栈操作执行 T_{15} 语句的时刻，所有的单链表都为空。

证明：算法中的 top 指针增加了版本域，如果某个单链表两个不同时刻的 top 相等，则说明这两个时刻间 top 指针没有变化，也意味整个单链表在这段时间没有变化（单链表的插入和删除操作都要改变 top 指针）。一个返回 empty 的出栈操作，在执行语句 T_{17} 时，任何一个当前单链表的 top 指针和对应保存在 empty 数组中的 top 指针相等，因此任何一个当前单链表从出栈操作首次访问该链表（T_3）到第二次访问（T_{17}）期间，该链表都为空。

对于一个时间戳抵消操作对中的出栈操作，被它删除的节点的时间戳大于该出栈操作的时间戳，说明插入该节点的入栈操作在该出栈操作开始之后执行，且在出栈操作遍历之前完成插入操作，因此插入该节点的入栈操作和该出栈操作并发交错执行。根据定理 5.3.1，要证明时间戳队列的可线性化，只要证明非时间戳抵消操作对是可线性化的。下面将根据定理 5.3.2 证明时间戳栈是可线性化的。

证明：对于一个时间戳栈的完整的执行记录 H，令 Match 为一个从 pop(H) 到 push(H) 和 ϵ 的映射，使得对于任意一个返回 empty 的出栈操作 pop，Match(pop) $=\epsilon$；对于任意一个不返回 empty 的出栈操作 pop，入栈操作 Match(pop) 插入的节点就是 pop 删除的节点。因为一个入栈操作仅在对应的单链表中插入一个节点；一个不返回 empty 的出栈操作仅返回一个节点的值域中的值，同时将该节点删除。所以 Match 是一个安全的映射。

定理 5.2.4 对于一个时间戳栈的完整的执行记录 H，除去 H 中时间戳抵消操作对后的执行记录是可线性化的。

证明：选取 $>_{ts}$ 作为入栈和出栈操作集合上的先于偏序关系的扩展偏序，对于一个不返回 empty 的出栈操作，把它成功删除节点的原子操作选为线性化点（T_{20}），对于一个返回 empty 的出栈操作，把它的 T_{15} 语句选为线性化点。

（1）对于任意一个出队操作 Pop_j，$\forall i, j, 1 \leqslant i \leqslant n, 1 \leqslant j \leqslant i-1$，Match$(Pop_i) \neq \epsilon \Rightarrow Pop_j \nprec_o$ Match(Pop_i)。

证明：如果 $Match(Pop_j) \neq \epsilon$，由执行过程可得，$Match(Pop_i)$ 插入节点后，Pop_i 才能删除该节点。由出栈操作排序规则可知，Pop_j 删除节点的动作在 Pop_i 删除节点的动作之后。因此 $Pop_j \nprec_o Match(Pop_i)$。如果 $Match(Pop_j) = \epsilon$，由执行过程可得，$Match(Pop_i)$ 插入节点后，Pop_i 才能删除该节点。出栈操作按删除节点的先后排序，所以 Pop_j 操作的 T_{15} 动作在 Pop_i 删除节点的动作之后，因此 $Pop_j \nprec_o Match(Pop_i)$。

（2）如果 $Match(Pop_i) = Push_i \neq \epsilon$，令 push' = {push | push $\in$ push $(H) - \{Match(Pop_1), \cdots, Match(Pop_{i-1})\}$ $\land Pop_i \nprec_{ts}$ push}，那么，$Push_i \in$ push' $\land \forall$push $\in$ push', $Push_i \nprec_{ts}$ push。

证明：假设存在一个入栈操作 $Push_x \in$ push'，使得 $Push_i <_{ts} Push_x$。因为 $Push_x$ 生成的时间戳比出栈操作 Pop_i 的时间戳小，或不可比较，所以在出栈操作开始遍历单链表前，$Push_x$ 插入的节点已经插入链表中。如果出栈操作遍历的时候没有读到它，则是因为当出栈操作遍历到 $Push_x$ 对应的链表时，链表中还有大于该时间戳的节点。如果是这种情况，出栈操作删除的节点的时间戳应该大于 $Push_x$，这与假设矛盾，所以不存在这种情况。如果出栈操作读到 $Push_x$ 插入的节点，因为 $Push_i <_{ts} Push_x$，出栈操作不会选择 $Push_i$ 作为删除的节点，所以 $Push_x$ 插入的节点也不会被 Pop_i 删除，这与条件矛盾，所以这种情况也不存在。

（3）如果 $\text{Match}(\text{Pop}_i)=\epsilon$ ，那么（a） $\text{before}(\text{Pop}_i)\cap\text{push}(H)\subseteq\{\text{Match}(\text{Pop}_1),\cdots,\ \text{Match}(\text{Pop}_{i-1})\}$ ；（b） 令 $\text{PPN}=\{\text{push}\mid\text{push}\in\text{Parall}(\text{Pop}_i)\cap(\text{push}(H)-\{\text{Match}(\text{Pop}_1),\cdots,\ \text{Match}(\text{Pop}_{i-1})\})$ ， $\forall\text{push},$ $x, x\leqslant i-1\wedge\text{push}\in\text{PPN}\Rightarrow\text{push}\nprec\text{Pop}_x\wedge\text{push}\nprec\text{Match}(\text{Pop}_x)$ 。

证明：由性质 5.3.2 直接可得（a），即所有在 Pop_i 前完成的入栈操作插入的节点都被 Pop_i 前面的出栈操作删除。同样，由性质 5.3.2 可得，与 Pop_i 并行且插入的元素未被 Pop_i 前面的出栈操作删除的入栈操作，在 Pop_i 执行到 T_{15} 时，都未完成插入节点的操作，而此时所有的 $\text{Match}(\text{Pop}_x)$ 和 Pop_x 都已分别完成插入节点和删除节点的操作。

（4）令 $\text{push}'=\{\text{push}\mid\text{push}\in\text{Pop}_1\prec_{ts}\text{push}\}$ 。如果 $\text{Match}(\text{Pop}_1)=\text{Push}_1\neq\epsilon$ ，那么， $\text{Push}_1\in\text{push}'\wedge\forall\text{push}\in\text{push}',\text{Push}_1\prec_{ts}\text{push}$ 。如果 $\text{Match}(\text{Pop}_1)=\epsilon$ ，那么 $\text{before}(\text{Pop}_i)$ 为空集。

证明：通过类似于（2）和（3）的证明可得。

5.2.2.2　构造线性化执行示例

考虑图 5-18 所示的一个时间戳栈的并发执行，本小节将按定理 5.3.2 证明过程中的构造线性化的算法来构造该执行的一个线性化。

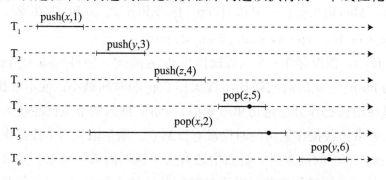

图 5-18　一个时间戳栈的并发执行

图 5-18 中入栈操作 $\text{push}(v,t)$ 表示入栈操作插入的值为 v ，生成的时间戳为 t ；出栈操作 $\text{pop}(v,t)$ 表示出栈操作返回值为 v ，生成的时间戳为 t 。出栈操作中的黑圆圈代表一个成功删除节点的操作（ T_{20} ）。

图 5-18 中线程 T_5 出栈操作的执行过程为：在线程 T_1 的入栈操作之后开始遍历，读取线程 T_1 所在的链表中时间戳最大的节点，即线程 T_1 插入的节点。在线程 T_2 的入栈操作完成之前，完成遍历读取线程 T_2 所在的链表（此时链表为空），在线程 T_4 的出栈操作完成之后，开始遍历读取线程 T_3 所在的链表（此时链表为空），因此线程 T_5 的出栈操作删除线程 T_1 的入栈操作插入的节点。

下面按定理 5.3.2 证明过程中的构造线性化的算法来构造该执行的一个线性化。

（1）按 $>_{ts}$ 偏序的极大元顺序给入栈操作排序：

$$\text{push}(x,1),\ \text{push}(y,3),\ \text{push}(z,4)$$

（2）按删除节点的顺序给出栈操作排序：

$$\text{pop}(z,5),\ \text{pop}(x,2),\ \text{pop}(y,6)$$

（3）依次把出栈操作插入排好序的入栈操作序列中。因为 $\text{pop}(z,5)$ 操作的时间戳为 5，入栈操作中没有比它大的时间戳，所以把它插入序列的末尾。插入 $\text{pop}(z,5)$ 操作后得到下面的序列：

$$\text{push}(x,1),\ \text{push}(y,3),\ \text{push}(z,4),\ \text{pop}(z,5)$$

因为 $\text{pop}(x,2)$ 操作的时间戳为 2，比 $\text{push}(y,3)$ 的时间戳小，所以把它插入 $\text{push}(y,3)$ 的左边。插入 $\text{pop}(x,2)$ 后得到下面的序列：

$$\text{push}(x,1),\ \text{pop}(x,2),\ \text{push}(y,3),\ \text{push}(z,4),\ \text{pop}(z,5)$$

$\text{pop}(y,6)$ 操作的时间戳为 6，入栈操作中没有比它大的时间戳，因此把它插入序列的末尾。插入 $\text{pop}(y,6)$ 后得到下面的序列：

$$\text{push}(x,1),\ \text{pop}(x,2),\ \text{push}(y,3),\ \text{push}(z,4),\ \text{pop}(z,5),\ \text{pop}(y,6)$$

（4）生成的序列不会违反操作间的先于偏序关系，且满足栈的"后进先出"属性，是上面并发执行的一个线性化。注意：$\text{pop}(x,2)$，$\text{pop}(z,5)$，$\text{pop}(y,6)$ 这个线性化中的出栈操作顺序与起初按删除节点排序后的出栈操作顺序不同。

5.2.3 并发栈可线性化的充要条件二

使用定理 5.3.2 验证并发栈最大的挑战是如何找到操作间的先于偏序关系的一个扩展偏序，使之能够满足该定理中的相关条件。在时间戳栈中，正好有时间戳构成的先于偏序关系的扩展偏序，在其他的并发栈中，并不好找如此的扩展偏序。本节给出一个不依赖扩展偏序关系的验证并发栈的充要条件。

直观地讲，一个出栈操作总是在它能观察到其影响的入栈操作中删除一个最新的入栈操作插入的值。如果一个入栈操作先于出栈操作完成，那么出栈操作能够观察到该入栈操作的影响（也就是它在栈中插入的值）。然而当一个入栈操作与一个出栈操作交错执行时，出栈操作不一定能观察到入栈操作的影响。例如，考虑图 5-19 所示的一个时间戳栈的并发执行。

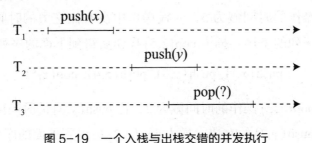

图 5-19　一个入栈与出栈交错的并发执行

图 5-19 中的这个出栈操作可能返回 x 的值，也可能返回 y 的值，这取决于出栈操作是否观察到入栈操作 push(y) 的影响。因为入栈操作 push(x) 先于出栈操作，出栈操作能够观察到入栈操作 push(x) 的影响。无论出栈操作返回哪个值，这个执行都是可线性化的。

如果一个入栈操作和出栈操作交错执行，且出栈操作返回的是入栈操作插入的值，那么这两个操作构成抵消操作对。前面的小节证明了抵消操作对不会违反并发栈的可线性化。也就是说，对于一个并发

栈的执行记录 H，如果删除其中的抵消操作对后是可线性化的，那么整个执行记录 H 也是可线性化的。因此，当验证并发栈的可线性化时，可忽略抵消操作对的操作，而聚焦普通的入栈和出栈操作。

任何普通的出栈操作总是先于它的入栈操作插入的值出栈。也就是说，任何和它交错执行的入栈操作，它都没有观察到这些入栈操作的影响。因此这些出栈操作并不存在上述的不确定性问题。这一小节给出一个充要条件确立这些普通入栈和出栈操作的可线性化，它们并不依赖先于偏序关系的扩展偏序。这些充要条件直观地刻画了栈的"后进先出"的属性，即一个并发栈的执行是可线性化的，当且仅当存在一个出栈操作的线性化，使得这些出栈操作依次删除栈中最新的元素。

虽然这个证明技术也需要出栈操作的线性化，但是它可能与出栈操作最终的线性化（从整个执行的线性化提取出来的出栈操作的线性化）不同。对于笔者遇到的所有并发栈，它们的逻辑删除或物理删除栈中元素的动作都可选为可线性化点，用来构造这个初始的出栈操作的线性化，因此给出出栈操作的线性化并不是一项困难的工作。这些验证条件能够仅通过先于偏序关系的属性验证，不需要额外的验证技术。并发数据结构的设计者能够容易、快速地掌握这个验证技术。

定理 5.2.5 给出了不依赖先于扩展偏序的并发栈可线性化的充要条件。

定理 5.2.5 假设一个并发栈 Z、它的规约 A 和两者的抽象函数 AF。对于并发栈 Z 的任意一个从空栈开始 [如果初始状态为 σ_z，那么 $\mathrm{AF}(\sigma_z) = ()$] 执行产生的完整的执行记录，假设 H 是通过删除该执行记录中的抵消操作对而获得的一个子序列。H 是可线性化的，当且仅当存在一个从 $\mathrm{push}(H)$ 到 $\mathrm{pop}(H)$ 和 ϵ 安全映射 Match，存在 H 中所有出栈操作的一个线性化 $\mathrm{Pop}_1, \mathrm{Pop}_2, \cdots, \mathrm{Pop}_n$（也就是 $\mathrm{pop}(H) = \{\mathrm{Pop}_1, \mathrm{Pop}_2, \cdots, \mathrm{Pop}_n\} \wedge x < y \Rightarrow \mathrm{Pop}_y \prec_H \mathrm{Pop}_x$），使得：

（1）如果 $\mathrm{Match}(\mathrm{Pop}_i) = \mathrm{Push}_i \neq \epsilon$，令 push' = {push | push ∈ (push

$(H) - \{\text{Match}(\text{Pop}_1), \cdots, \text{Match}(\text{Pop}_{i-1})\}) \wedge \text{push} \prec_H \text{Pop}_i\}$ ，那么 $\text{Push}_i \in \text{push}'$ 和 $\forall \text{push} \in \text{push}'$, $\text{Push}_i \not\prec_H \text{push}$ 。

非形式化地讲，第一个条件要求每个不返回空的出队操作移除最新的入栈操作插入的值。换句话讲，出栈操作总是按照它们的线性化次序依次删除栈中最新的值。

（2）如果 $\text{Match}(\text{Pop}_i) = \epsilon$，那么（a）$\forall \text{push} \in \text{push}(H) \wedge (\text{Pop}_{i-1})$ $\text{push} \prec_H \text{Pop}_i \Rightarrow \text{push} \in \{\text{Match}(\text{Pop}_1), \cdots, \text{Match}\}$；（b）令 $\text{PPN} = \{\text{push} \mid \text{push} \simeq_H \text{Pop}_i \wedge \text{push} \in \{\text{Match}(\text{Pop}_1), \cdots, \text{Match}(\text{Pop}_{i-1})\}\}$，$\forall \text{push}$, x, x $\leqslant (\text{push}(H) - i - 1 \wedge \text{push} \in \text{PPN} \Rightarrow \text{push} \not\prec_H \text{Match}(\text{Pop}_x))$ 。

第二个条件要求对于一个返回空的出栈操作，任何先于它的入栈操作插入的值都被先前的出栈操作移除；对于任意一个和它交错执行的入栈操作，如果这个入栈操作插入的值没有被先前的出栈操作删除，那么这个入栈操作不会在先前的入栈操作和出栈操作之前完成。

1）充分性证明。

首先证明当 H 中不包括返回空的出栈操作时，H 满足以上条件时是可线性化的，然后扩展到证明 H 中包括返回空的出栈操作的情况。

（1）当 H 中不包含返回值为空的出栈操作时，H 是可线性化的。

证明：这个证明的思路是构造一个 H 的可线性化，构造线性化的过程主要分两个阶段。首先对 H 中所有的入栈操作排序，然后对排序得到的入栈操作序列依次插入出栈操作 Pop_1, Pop_2, $\cdots$, Pop_n。

第 1 步：构造一个 H 中所有的入栈操作的线性化。

设 $\text{push}(H)$ 中入栈操作的数量为 m。按如下规则构造入栈操作的线性化：首先在 $\text{push}(H)$ 集合基于偏序 $\prec_H$ 上的极大元中选择一个插入的元素最先被出栈操作删除的一个入栈操作，设这一步选取的入栈操作为 Push^m。形式化地讲，令 $S = \{x \mid x \in \text{push}(H) \wedge \forall y, y \in \text{push}(H) \wedge x \not\prec_H y\}$，$\text{Push}_m \in S$，$\forall z, z \in (S - \{\text{Push}_m\}), \text{Match}^{-1}$ $(\text{Push}_m) \prec_L \text{Match}^{-1}(z)$，其中 $\prec_L$ 代表出栈操作初始的线性化中的线性

序列。如果极大元中插入的元素都没有被删除，则任意选择其中的一个入栈操作。然后删除 $push(H)$ 集合中选取的 $Push^m$ 入栈操作，按第 1 步的方法选取一个入栈操作（设为 $Push^{m-1}$）放在 $Push^m$ 的左边，即 $(Push^{m-1}, Push^m)$。依此类推，直到所有的入栈操作都已排序。设排好序的入栈操作序列为 $Push^1, \cdots, Push^m$。入栈操作序列有如下属性：

属性 1：经过排序后，对于每一个入栈操作 push，在由它左边所有的入栈操作构成的集合中，push 是这个集合在偏序 $\prec_H$ 上的极大元。如果这个集合中有多个极大元且 push 插入的元素被删除，那么在这几个极大元插入的元素中，push 插入的元素最先被删除。

第 2 步：依次插入出栈操作 $Pop_1, Pop_2, \cdots, Pop_n$ 到构造好的入栈操作线性化序列中，插入的方式如下。

①使用 2.1 小节中的算法 1 把 Pop_1 插到入栈操作的线性化序列中。依据 2.1 小节中的算法 1 的属性可得：插入后，Pop_1 左边的第一个入栈操作先于 Pop_1；插入 Pop_1 得到的新序列不会违反偏序 $\prec_H$。如果 $Push_x$ 是 Pop_1 左边的第一个入栈操作，那么根据属性 1 和定理 5.2.5 中的条件（1）可得 $Match(Pop_1) = Push_x$。

②类似 Pop_1，把出栈操作 Pop_i，$2 < i \leqslant n$，依次插入新序列中。

a. 使用算法 1 并忽略先前插入的出栈操作，把 Pop_i 插入新序列中。假设插入完成后，$Push_y$ 是 Pop_i 左边的第一个出栈操作。如果 $Push_y$ 原先后面没有跟随出栈操作，那么 Pop_i 位置不变；如果 $Push_y$ 原先后面有跟随的出栈操作，那么把 Pop_i 移动到这些出栈操作的后面。完成上述操作后，如果 Pop_i 不位于先前插入的出栈操作和它们匹配的入栈操作之间，那么有如下属性。

属性 2：这个新序列满足顺序栈"后进先出"的属性（根据属性 1 和定理 5.2.5 中的第二个条件）。这个新序列不会违反偏序关系 $\prec_H$。成立的原因如下：根据出栈操作插入的顺序，Pop_i 不会和它前面的出栈操作违反偏序关系 $\prec_H$。因为 Pop_i 不位于先前插入的出栈操作和它们匹配的入栈操作之间，任何在 Pop_i 后面的出栈操作，其匹配的入栈操作都在 Pop_i 后面。因此这些匹配的入栈操作不会先于 Pop_i。假设存在 Pop_i 后面的出栈操作先于 Pop_i，那么可得到与它们匹配的入栈操作也先于 Pop_i（因为这些匹配的入栈操作先于 Pop_i 后面的出栈操作）。这一点与上面的推理（这些匹配的入栈操作不会先于 Pop_i）矛盾，因此 Pop_i 不会和后面的入栈操作违反偏序关系 $\prec_H$。

　　b. 如果 Pop_i 位于一些先前插入的出栈操作和它们匹配的入栈操作之间，设 Pop_z 是这些出栈操作中的最后一个，则把 Pop_i 移动到 Pop_z 的右边：

$$\text{seq}: \cdots, \text{Push}_z, \cdots, \text{Push}_y, \cdots, \text{Pop}_i, \cdots, \text{Pop}_z, \cdots$$

$$\text{seq}': \cdots, \text{Push}_z, \cdots, \text{Push}(y), \cdots, \text{Pop}_z, \text{Pop}_i, \cdots$$

　　seq 和 seq' 分别对应 Pop_i 移动前和移动后的序列。Pop_i 移动前有如下属性。

　　属性 3：seq 中，Pop_i 不会先于 Pop_i 到 Pop_z 间的任何入栈操作。原因如下：插入 Pop_i 前，栈满足"先进后出"的属性。对于 Pop_i 到 Pop_z 间的任何入栈操作，与它们匹配的入栈操作也在序列 seq 中。如果这些入栈操作中存在入栈操作 push 使得 $\text{Pop}_i \prec_H \text{push}$，那么 $\text{Pop}_i \prec_H \text{Match}(\text{push})$。这一点与出栈操作线性化序列中 Pop_i 位于 $\text{Match}(\text{push})$ 后面的事实矛盾。Pop_i 移动后有如下属性。

　　属性 4：移动 Pop_i 后，seq' 不会违反偏序关系 $\prec_H$ 且序列满足顺序栈"后进先出"的属性。其原因如下：插入 Pop_i 前，seq 满足顺序栈"后进先出"的属性。根据属性 1 和定理 5.2.5 中的条件（1），这个新序列 seq' 满足顺序栈"后进先出"的属性。根据属性 3 和 2.1 小节中的算法 1 的属性，在新序列 seq' 中，Pop_i 不会和任何入栈操作违反偏序关系 $\prec_H$。通过类似于属性 3 的证明可得，Pop_i 不会和任何出栈操作违反偏序关系 $\prec_H$。

　　（2）当 H 中含有返回空的出栈操作时，H 是可线性化的。

证明：可以通过如下的过程构建线性化。总的来说，如果 $\text{Match}(\text{Pop}_i)=\epsilon$，可以先将 Pop_1 到 Pop_{i-1} 的出栈操作以及和它们对应的入栈操作按上面的过程线性化为 A，将 H 中的其他操作（除 A 中的操作和 Pop_i）线性化为 B，然后将 Pop_i 插入两者之间，即 $H' = A\,\hat{}\,(\text{Pop}_i)\,\hat{}\,B$。显然，$H'$ 的出栈操作之间是不会违反先于偏序关系的。下面证明入栈操作之间、入栈操作与出栈操作之间也不会违反先于偏序关系。设 Push_x 和 Pop_x 分别属于 A 中的入栈和出栈操作，设 Push_y 和 Pop_y 分别属于 B 中的入栈和出栈操作，由定理 5.2.5 中的条件（1）可得，$\text{Pop}_y \nprec_H \text{Push}_x$ 和 $\text{Pop}_i \nprec_H \text{Push}_x$。根据定理 5.2.5 中的条件（4）得到 Push_y 要么与 Pop_i 并行，要么 Push_y 位于 Pop_i 之后。无论是哪种情况，都有 $\text{Push}_y \nprec_H \text{Push}_x$ 和 $\text{Push}_y \nprec_H \text{Pop}_x$。

2）必要性证明。

H 是可线性化的，因此存在一个顺序合法的执行记录 H'，使得 $H \subseteq H'$。从 H' 中提取出队操作的序列 $\text{Pop}_1, \text{Pop}_2, \cdots, \text{Pop}_n$，显然它是出栈操作的一个线性化，现证明它们满足定理 5.2.5 中的条件。

（1）如果 $\text{Match}(\text{Pop}_i)=\text{Push}_i \neq \epsilon$，令 $\text{push}' = \{\text{push}\,|\,\text{push} \in \big(\text{push}(H)-\{\text{Match}(\text{Pop}_1), \cdots, \text{Match}(\text{Pop}_{i-1})\}\big)\ \wedge\ \text{push} \prec_H \text{Pop}_i\}$，那么 $\text{Push}_i \in \text{push}'$ 和 $\forall \text{push} \in \text{push}'$，$\text{Push}_i \nprec_H \text{push}$。

证明：H' 是一个满足"先进后出"属性的栈的顺序执行，任意出队操作 $\text{push} \in \text{push}'$，在 H' 中位于 Push_i 的前面，即 $\text{push} \prec_{H'} \text{Push}_i$，因为 H' 中的线性化关系是偏序关系 $\prec_H$ 的扩展偏序，因此 $\text{Push}_i \nprec_H \text{push}$。

(2) 如果 $\text{Match}(\text{Pop}_i)=\epsilon$，那么 (a) $\forall \text{push} \in \text{push}(H) \wedge \text{push} \prec_H \text{Pop}_i \Rightarrow \text{push} \in \{\text{Match}(\text{Pop}_1), \cdots, \text{Match}\ (\text{Pop}_{i-1})\}$；(b) $\text{PPN} = \{\text{push}\,|\,\text{push} \simeq_H \text{Pop}_i \wedge \text{push} \in \big(PUSH(H)-\{\text{Match}(\text{Pop}_1), \cdots, \text{Match}(\text{Pop}_{i-1})\}\big)\} \forall$，$\text{push}, x,\ x \leqslant i-1 \wedge \text{push} \in \text{PPN} \Rightarrow \text{push} \nprec_H \text{Match}(\text{Pop}_x)$。

证明：假设 H' 是一个偏序关系 $\prec_H$ 的扩展偏序，如果任何入栈操作 push $\prec_H$ Pop$_i$，则 push $\prec_{H'}$ Pop$_i$，即在 H' 中，push 位于 Pop$_i$ 的前面。因为 H' 是满足"先进后出"属性的栈的顺序执行，如果 Pop$_i$ 返回空，则 push 插入的值被 Pop$_i$ 前面的出栈操作删除。因此，可得到 push $\in \{\text{Match}(\text{Pop}_1), \cdots, \text{Match}(\text{Pop}_{i-1})\}$。

如果一个入栈操作 push $\in$ PPN，即在 H' 中，push 位于 Pop$_i$ 的后面（因为 H' 是满足"先进后出"的栈的顺序执行），可得到 push $\prec_H$ Match(Pop$_x$)，$x \leqslant i-1$（因为 H' 是一个偏序关系 $\prec_H$ 的扩展偏序）。

5.2.4 构造出栈操作的线性化

5.1.1 节给出了一个完备和简单的并发栈的验证条件且不需要扩展偏序，但是它需要给出执行中的出栈操作的一个线性化，尽管该线性化也许和最终的出栈操作的线性化不同。一个具有挑战性的问题是如何构造出栈操作的线性化。一个有趣的现象是笔者所遇到的并发栈的出栈方法都有固定的可线性化点用来构造如此的初始线性化，如时间戳栈、FA 栈以及 Afek 等人提出的基于数组的并发栈。在这些并发栈中，如果它们的出栈方法存在逻辑删除栈中元素的原子语句，那么该原子语句就能够选为出栈方法的可线性化点；否则出栈方法中的物理删除队列中元素的原子语句能够选为出栈方法的可线性化点。同样，逻辑删除栈中元素的原子语句仅固定一个元素，当逻辑删除该元素后，其他出栈操作不能再物理删除或逻辑删除该元素。例如，在本章验证的并发栈中，时间戳栈中的出栈方法的可线性化点是物理删除栈中元素的原子语句，而 FA 栈中的出栈方法的可线性化点则是逻辑删除栈中元素的原子语句。

一个重要的问题是，对所有并发栈，是否它们出栈方法中的逻辑删除或物理删除栈中元素的原子语句都能够选为可线性化点？当由这些原子语句构建的出栈操作的线性化不能满足定理中的条件时，这样的原子语句就不能选为可线性化点。接下来的分析表明这样的出栈算法是罕见的。为方便论述，本节仅考虑包含两个出栈操作的执行，它们逻辑删除或物理删除栈中元素的原子语句不能够选为可线性化点，如图 5-20、图 5-21 所示。

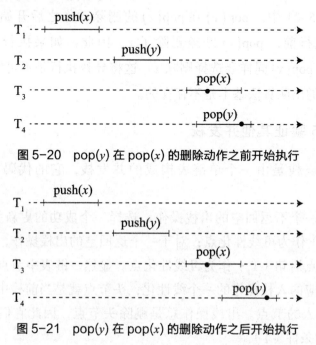

图 5-20　pop(y) 在 pop(x) 的删除动作之前开始执行

图 5-21　pop(y) 在 pop(x) 的删除动作之后开始执行

在上述两图中，出栈操作中的黑色圆点代表它的物理删除或逻辑删除队列中元素的原子语句。

在图 5-20 中，pop(y) 在 pop(x) 的删除动作之前开始执行。这个执行对应的唯一的线性化是 push(x), push(y)，pop(y)，pop(x)。依据出栈操作的删除元素动作构造的线性化是 pop(x)，pop(y)。因此出栈操作的这两个删除元素动作不能选为可线性化点。如果该执行不存在 pop(y)，那么为使执行是可线性化的，线程 T_3 的出栈操作必须删除 y（也就是 push(x) 插入的值）。因此，是 pop(y) 的删除元素动作之前的语句阻止了线程 T_4 的出栈操作删除 push(y) 插入的值。这样的出队算法是罕见的。一般说来，除逻辑地或物理地删除元素动作之外，出栈操作的其他语句都不会阻止其他出栈操作删除队列中的元素。笔者验证的大多数并发栈，出栈操作的删除动作之前的语句要么是线程本地操作，要么是共享变量的读操作，这些操作不会影响其他出栈操作的执行。

在图 5-21 中，$\text{pop}(y)$ 在 $\text{pop}(x)$ 的删除动作之后开始执行。在 $\text{pop}(y)$ 执行前，$\text{pop}(x)$ 已经删除了 x。因此，如果执行中不存在 $\text{pop}(y)$，$\text{pop}(x)$ 同样会选择删除 x。这将导致执行是不可线性化的。因此这样的出队算法基本是不存在的。

5.2.5 验证其他并发栈

Treiber 栈是由一个单链表构成的并发栈，它的代码如图 5-22 所示。

对于一个不返回空的出栈操作，选择一个成功的更新头节点 cas 指令（T_5）作为可线性化点；对于一个返回空的出栈操作，选择读到空的头节点语句（T_1）作为可线性化点。显然，链表中节点的次序就是它们对应的入栈操作的一个线性化，头节点就是当前栈中最新的入栈操作插入的节点。出栈操作总是删除头节点，因此它们满足定理 5.2.5 中的条件（1）。

```
class node{                      L₅  if(cas(&S, x, new_n))
int value;                       L₆     return; }
node next;}                      L₇  }
class Stack {                    int pop() {
node S;                          local t, x;
void push(int v);                T₀  while (true) {
int pop(); }                     T₁     x := S;
void push(int v) {               T₂     if(x= =null)
local new_n, x;                  T₃        return empty;
L₁  new_n:=cons(v,nil);          T₄     t:=x.next;
L₂  while (true) {               T₅     if(cas(&S, x, t))
L₃     x := S;                   T₆        return x.value; }
L      new_n.next:=x;            T   }
```

图 5-22 Treiber 栈的代码

HSY 栈同样是一个基于链表的并发栈。类似于 Treiber 栈，为完成入栈或出栈操作，HSY 栈尝试通过 cas 指令更新头节点。如果 cas 指令更新头节点失败，那么 HSY 栈就转向用抵消机制来完成操作。根据定理 5.2.1，只需验证普通入栈和出栈操作的可线性化问题，其验证的过程和 Treiber 栈相似。

FA 栈是一个基于数组的并发栈。一个入栈操作尝试通过快速路径将一个元素存储在数组中。如果快速路径存储元素失败（因为过多的出栈操作将数组单元标识为不可用），它转向慢速路径。在慢速路径中，它发布一个入栈请求，出栈操作将帮助它完成入栈操作。类似于入栈操作，出栈操作在快速路径中尝试将一个数组元素出栈，如果失败，它将转向慢速路径。同样地，在慢速路径中它发布一个出栈请求，其他的出栈操作帮它完成出栈操作。对于一个从快速路径返回的出栈操作，选择一个成功的 cas 指令 $\mathrm{cas}\left(\&c \to \mathrm{pop}, \perp_{\mathrm{pop}}, \top_{\mathrm{pop}}\right)$ 作为它的可线性化点，这是逻辑删除数组中的元素 c。对于一个从慢速路径返回一个非空的出栈操作，选择成功的 cas 指令 $\mathrm{cas}\left(\&c \to \mathrm{pop}, \perp_{\mathrm{pop}}, r\right)$ 作为它的可线性化点，这是一个将数组元素预留给出栈请求 r 对应的出栈操作；一旦这个元素被 r 预留，其他的出栈操作都不会移除这个元素或将这个元素预留给其他的出栈请求。依据这些可线性化点构造出栈操作的线性化后，不难证明 FA 栈是可线性化的。

5.3　本章小结

本章首先提出了基于先于偏序关系属性的并发队列的可线性化验证方法，并证明了它是完备的。该方法将并发队列可线性化的证明化简到验证入队操作与出队操作间的先于偏序关系属性。本章应用该方法验证了 HW 队列、LCRQ 队列、时间戳队列、篮式队列等具有挑战性的并发队列。Henzinger 等人也提出了基于偏序属性的并发队列的可线性化验证方法，与他们的方法最大的不同是，我们的方法要求给定出队操作的线性化，这一点使得我们的方法更为直观地刻画了并发队列"先进先出"的属性——对于给定的出队操作的线性化顺序，要求出队操作依次删除的是入队操作在先于偏序关系上的极小元插入的元素。在并发队列可线性化的证明过程中我们发现，给定出队操作的线性化并未增加证明的难度。HW 队列、LCRQ 队列、时间戳队列、篮式队列、MS 队列等并发队列的出队操作都有固定的线性化点。在可线性化的证明过程中，利用这个属性，容易构造出队操作的线性化序列。充分利用出队操作的这个特点，使得我们的验证方法比 Henzinger 等人的方法更简单，并发队列的设计和实现者更容易理解与应用这个验证方法。

虽然 Henzinger 等人在 2013 年就提出了基于偏序属性的并发队列的可线性化验证方法，但迄今未有研究工作将它扩展到其他类型的并发数据结构中。本章第二部分第一次将基于先于偏序关系属性的可线性化验证方法扩展到并发栈中。首先，对于采用了抵消优化机制的并发栈，本章证明了只要并发栈正常执行部分是可线性化的，那么并发栈就是可线性化的（定理 5.3.1）。其次，提出了一个基于先于偏序关系属性的并发栈的可线性化验证方法，并证明了它的完备性。与并发队列验证方法不同的是，并发栈的验证方法采用的是先于偏序关系上的扩展偏序。如果直接采用先于偏序关系，得到的是一个充分但非必要的条件，大部分并发栈不满足这个条件。最后，本章应用这个方法验证了时间戳栈。

第 6 章　规约和验证语义松弛的并发数据结构

6.1　语义松弛的并发数据结构概述

要突破可线性化带来的同步瓶颈，实现更高性能和更具扩展性的并发数据结构，一种有效的解决方法是松弛或者说弱化并发数据结构语义，这类并发数据结构也被称为语义松弛的并发数据结构（简称松弛并发数据结构）。例如，一个标准的"先进先出"队列，它的一种松弛语义是允许出队方法删除当前队列中前 k 个最早入队元素中的任意一个。在顺序环境中，这样的语义松弛不会给队列的实现带来性能上的提升，然而在并发环境下，这样的语义松弛有利于减少数据竞争（多个同时执行的出队方法由竞争访问一个队头元素变成竞争队列的前 k 个元素），从而有利于设计和实现更高性能的并发队列。相关研究表明，即使是顺序语义的一小步松弛，都可能给并发数据结构的设计和实现带来重要变化，进而在性能上带来巨大的提升。Shavit 在 *Data Structuresinthe Multicore Age* 中预测，经典的数据结构不久将会消失，取而代之的是更松散无序的并发数据结构。

可线性化是一个被广泛接受和应用的并发数据结构正确性标准。

直观地讲，对于一个并发数据结构 S 和一个抽象层次更高、方法是原子的顺序规约 A，可线性化标准要求 S 的并发执行等价于 A 的顺序执行，其中 A 称作并发数据结构的顺序规约（也称作原子规约）。可线性化为客户提供观察精化的保证，即对于一个可线性化的并发数据结构 S 以及它的顺序规约 A，任何客户端程序使用 S 能够观察到的行为，即当客户端程序使用 A 取代 S 时，也能够观察到。例如，一个可线性化的并发队列，它对应的顺序规约是一个标准的 ADT 队列，客户使用并发队列就如同使用这个抽象队列一样。因此，对于一个可线性化的并发数据结构，客户不需要考虑这个并发数据结构内部实现的细节（包括方法同步的细节），仅根据它的顺序规约来编程和推理程序。在实际执行中，为提高效率而使用这个细粒度并发数据结构。松弛并发数据结构具有随机性和不确定性的特点，如果仍采用可线性化标准，则能为客户提供观察精化的保证。然而在语义松弛的并发数据结构中，可线性化并不能保证为客户提供最精确的规约。

6.2　松弛并发数据结构的正确性研究现状

目前，松弛并发数据结构的正确性标准可分为两类：一类是仍采用可线性化标准，但对规约模型进行弱化和松弛；另一类是采用比可线性化更弱的正确性标准，但坚持使用非松弛的规约模型。

6.2.1　弱化规约模型的研究现状

Henzinger 等人提出 $k-$ 可线性化标准，对规约模型的语义采取了量化松弛。他们量化了次序松弛和哑步松弛两类松弛机制。其中，次序松弛弱化方法对元素的次序要求：如一个 $3-$ 可线性化的并发队列，它对应的规约模型允许出队方法删除队列前 k 个元素中的任意一个。哑步松弛允许写方法有时可以不改变共享变量的值，如考虑下面的计数器算法：为减少线程对共享变量 R 的竞争（R 用来保存计数的值），线程每 2 次调用计数方法，仅在一次调用中更新 R 且增量为 2，另一次调用不更新 R。虽然他们的哑步松弛能够刻画计数方法，可以不改变计数器的值，但是客户希望得到的规约是与标准的计数器比，该计数器的精度。Afek 等人提出的准可线性化标准，也对规约模型的语义做了量化松弛，但准可线性化的规约表达能力没有 k– 可线性化强。Wang 等人也提出了类似的语义松弛的规约方法，他们提出的规约能够转换成自动机，从而有助于通过模型检测的工具验证这些规约。

上述正确性标准采用的仍是可线性化标准，因此它们能为客户提供观察精化的保证。然而面对松弛并发数据结构，可线性化并不能为客户提供最精确的规约。例如，对于一个非确定的规约 A_3（允许出队操作删除队列前 3 个元素中的任意一个），在可线性化标准下，标准的并发队列（1– 可线性化的并发队列）、2– 可线性化的并发队列和 3– 可线性化的并发队列都满足 A_3 这个规约。只有 3– 可线性化的并发队列实现了 A_3 的全部行为，而标准的并发队列和 2– 可线性化的并发队列仅实现 A_3 的部分行为。这导致客户使用 A_3 能实现的功能，当使用标准的并发队列或 2– 可线性化的并发队列替代 A_3 时，可能就实现不了。

6.2.2　弱化可线性化标准的研究现状

早期提出的弱可线性化标准有顺序一致性、静态一致性。近年来，为规约松弛并发数据结构，一些新的弱可线性化标准也相继被提出。Haas 等人提出了局部可线性化（local–linearizability）标准，针对容器类的并发数据结构，把单个线程插入元素的操作和删除这个线程插入的元素的操作归为一个局部执行。该标准弱化可线性化的机制是仅要求每一个局部执行是合法的，而不要求整个顺序执行的合法性。Emmi 等人提出了可见性松弛（visibility relaxation）标准，其弱化可线性化的机制是定义不同层次的可见性松弛，允许执行中的方法忽略在它前面执行的其他方法的影响。Armando 等人提出了区间可线性化（interval-linearizability）标准，其弱化可线性化的机制是不要求并发执行等价一个顺序的执行，而是等价一个满足偏序规约的执行。Neiger 提出了团可线性化（set-linearizability）标准，该标准允许将多个方法的交错执行视为一个"团"的顺序执行。

弱可线性化标准允许规约模型的执行违反实时次序（实际执行中的两个先后发生的原子语句，在规约模型的执行过程中执行的次序可以反过来）。在数据结构的层次上，这样的执行模型违背了自然直观的执行语义。另外，目前尚不清楚它们能为客户提供怎样的保证。

6.3　规约语义松弛的并发数据结构

6.3.1 非确定抽象数据类型

一般采用基于模型的规约方法刻画非确定抽象数据类型。非确定抽象数据类型由抽象数据模型和一组在该数据模型上的方法构成，通过描述方法是怎样引起状态的变化来规约方法，如采用前、后置断言的形式。非确定抽象数据类型的方法具有不确定性、随机性和近似性的特点。即使在相同的初始状态下，一个非确定方法的执行也会产生多个不同的结果，可以采用定义结果集的方式来刻画这种随机性。

一个非确定抽象数据类型的模型规约定义如下。

定义 6.1（非确定抽象数据类型） 规约模型 A 为一个五元组 $A=(\text{Astate}, S_0, \text{Aop}, \text{Input}, \text{Output})$，其中，Astate 为不确定抽象数据类型 A 的状态集合，$S_0 \in \text{Astate}$ 为初始状态，Aop 为 A 的方法集合，Input 和 Output 分别为方法参数和返回值的集合，每个方法 $\text{aop} \in \text{Aop}$ 是一个映射 $\text{aop}: \text{Astate} \times \text{Input} \xrightarrow{\text{aop}} P(\text{Astate} \times \text{Output})$，其中，$P(\text{AState} \times \text{Outpout})$ 代表集合 AState $\times$ Outpout 的幂集。

　　方法建模为一个偏函数，映射状态（包括输入参数）到一个所有可能的最终状态（包括输出）的集合。$\mathrm{aop}(S,\mathrm{in}) = \{(S_1,\mathrm{ret}_1),\dots,(S_n,\mathrm{ret}_n)\}$ 表示方法（或函数）aop 从一个初始状态 S 和一个输入参数 in 可以转换到 n 个不同的最终状态；函数在此状态下执行时，从中随机选择一个作为最终状态。由于方法建模为一个偏函数，方法在某些状态下可能是没有定义的，如一个栈可能不允许栈为空时完成出栈操作。使用 dom(aop) 作为函数 aop 的定义域。

　　例如，对于一个允许出栈操作将栈顶前 3 个元素中的任意一个出栈和入栈操作将元素插入离栈顶距离小于 3 的栈，其规约如下：

$\mathrm{pop}(s)=\{(\mathrm{ret}(e),s')|\ \exists\ s_1,s_2.s_1\frown s_2=s' \ \wedge\ s_1\frown e\frown s_2=s \ \wedge\ |s_1|{<}3\}$

$\mathrm{push}(s,e)=\{(\mathrm{ret}(e),s')|\frown s_1,s_2.s_1\frown s_2=s \ \wedge\ s_1\frown e\frown s_2=s' \ \wedge\ |s_1|{<}3\}$

其中，s 为一个序列，表示出栈和入栈操作前栈的状态，$\mathrm{ret}(e)$ 为返回值为 e，s' 为操作后栈的状态，$|s_1|$ 为序列 s_1 的长度。

6.3.2 规约方法的公平性

　　松弛并发数据结构具有随机性和近似性的特点。有时需要对松弛并发数据结构随机行为的概率进行规约，或者说对其中算法的公平性进行规约。这种概率可能不是静止的，而是动态变化的。例如，在一个松弛的栈中，第一个出栈操作可以使栈顶前 3 个元素中的任意一个出栈，这时栈顶前 3 个元素的出栈概率可能都是 1/3。为了公平，可能要求栈顶元素最多被忽略 2 次，即 3 次连续的出栈操作中，必有一次操作令栈顶元素出栈。因此，当两次连续的出栈操作都不是删除栈顶元素时，必须要求第三次出栈操作删除栈顶元素的概率是 100%。然而无法在上面的静态模型上规约动态概率。为刻画随机行为发生的动态概率，建立标号迁移系统（labeled transition systems）来刻画非确定抽象数据类型的执行语义。然而必须扩充经典的标号迁移系统，允许以给定的概率选取迁移规则，可以采用线性时序逻辑刻画随机行为发生的概率。因为需要刻画方法因自身松弛机制而产生的随机行为在线性时序逻辑的公式中提出二元状态的谓词（方法执行前与方法执行后状态的关联），描述方法从不确定行为中做出选择。

不确定数据类型的方法建模成原子方法，一个变迁代表一个方法的执行，其形式为 $S_1 \xrightarrow{T_i(\text{op,in,ret})} S_2$。其中，$T_i$ 表示调用方法 op 的线程，在状态 S_1 和输入参数 in 下，方法 op 执行后的后置状态是 S_2，返回值是 ret。这个变迁是合法的 [当且仅当（S_2,ret）∈ op(S_1,in)]。一个执行是一个变迁的序列，一个变迁的最终状态是另一个变迁的初始状态，其形式如下：

$$S_1 \xrightarrow{T_i(\text{op}_1,\text{in}_1,\text{ret}_1)} S_2 \xrightarrow{T_2(\text{op}_2,\text{in}_2,\text{ret}_2)} S_3 \ldots S_n \xrightarrow{T_n(\text{op}_n,\text{in}_n,\text{ret}_n)} S_n$$

其中，$S_i \in$ Astate，op $\in$ Aop，$\text{in}_i \in$ Input，$\text{ret}_i \in$ Output。该形式表示从初始状态 S_1 到最终状态 S_n 的一个执行。其中 op_1，op_2，…，op_n 表示该执行的一个路径，而 S_1，S_2,…,S_n 表示该执行的一个迹。

定义 6.2（线性时序逻辑） 线性时序逻辑公式由原子命题集 AP 与布尔运算符、时序运算符组成，公式形式为：

$$\Phi ::= T \mid p \mid \Phi_1 \wedge \Phi_2 \mid \Phi_1 \vee \Phi_2 \mid \Phi_1 \rightarrow \Phi_2 \mid X\Phi \mid G\Phi \mid \Phi_1 U\Phi_2 \mid X_{\text{op}}\Phi \mid X_t\Phi$$

其中，T 为真值 true，P 属于一阶命题。除一阶命题逻辑的运算符外，公式还引用了时序运算符 X（next，下一状态）、G（globally，所有将来的状态）、U（until，直到）。除经典的时序逻辑的运算符外，上面的公式还定义了新的时序运算符，其中，X_{op} 表示下一个由操作 op 变迁后的状态，X_t 表示下一个由线程 t 的变迁后的状态。注意：这两个新增的运算符需要使用转换上的标签。如果需要将命题转换成纯状态的命题（如进行模型检测时），则可在状态上增加一个执行转换的信息。

定义 6.3（时序逻辑公式的语义） 假设 $\varepsilon = S_1 \xrightarrow{T_i(\text{op}_1,\text{in}_1,\text{ret}_1)} S_2 \xrightarrow{T_2(\text{op}_2,\text{in}_2,\text{ret}_2)} S_3 \ldots\ldots S_n \xrightarrow{T_n(\text{op}_n,\text{in}_n,\text{ret}_n)} S_{n+1}$ 是抽象数据类型 A 的一个执行。我们使用 ε^k 表示 ε 中从 S_k 开始

的执行，即 $\varepsilon^k = S_k \xrightarrow{T_k(op_k,in_k,ret_k)} S_{k+1} \cdots S_n \xrightarrow{T_n(op_n,in_n,ret_n)} S_{n+1}$。这个执行满足时序逻辑公式的定义：

$\varepsilon^k \models p$，仅当 $S_k \models p$ 时，状态 S_k 满足一阶命题 p。

$\varepsilon^k \models \Phi_1 \wedge \Phi_2$，仅当 $\varepsilon^k \models \Phi_1$ 并且 $\varepsilon^k \models \Phi_2$。

$\varepsilon^k \models \Phi_1 \vee \Phi_2$，仅当 $\varepsilon^k \models \Phi_1$ 或者 $\varepsilon^k \models \Phi_2$。

$\varepsilon^k \models X\Phi$，仅当 $\varepsilon^{k+1} \models \Phi$。

$\varepsilon^k \models G\Phi$，仅当 $\forall i \geqslant k,\ \varepsilon^i \models \Phi$。

$\varepsilon^k \models \Phi_1 \cup \Phi_2$，仅当 $\exists i \geqslant k,\ \varepsilon^i \models \Phi_2$，并且 $k \leqslant j < i,\ \varepsilon^i \models \Phi_1$。

$\varepsilon^k \models X_{op}\Phi$，仅当 $\eta^{k+1} \models \Phi$，如果 S_{k+1} 是方法 op 的后置状态，则 $\varepsilon^k \models \Phi$；否则 $\varepsilon^{k+1} \models X_{op}\Phi$。

$\varepsilon^k \models X_t\Phi$，仅当 S_{k+1} 是线程 t 变迁的后置状态，则 $\varepsilon^k \models \Phi$；否则 $\varepsilon^{k+1} \models X_t\Phi$。

对于一个非确定抽象数据类型 NA 和时序公式 Φ，$NA \models \Phi$ 成立（当且仅当 NA 的每一次执行 ε 都有 $\varepsilon \models \Phi$）。

考虑下面的计数器：Counter。为减少线程对共享变量 R 的竞争，线程每 2 次调用 increment 计数方法，仅在一次调用中做更新，且增量为 2，另一次调用不更新 R。

```
sharedlocationR;
intV[1…threadNum];// 数组的每一个元素对应一个线程，该元素
仅被对应的线程读取
void increment( ){
int val;
V[threadID]=V[threadID]+1;
if(V[threadID]%2=:0)
return;
do{
val=Read(R);
}while(!CAS(&R,val,val+2));
```

}

计数器的规约如下：increment(R)={(void,R+2),(void,R)}，其中 void 表示该方法没有返回值。定义状态谓词 $P_1(r)$：r=br，其中 br 表示状态 r 的前一个状态，即 r 等于它的前置状态 br。定义状态谓词 $P_2(r)$：r=br+2。定义操作的公平性：counter$\models G(P_1 \to X_t P_2 \vee P_2 \to X_t P_1)$，其中 t 表示 r 是由线程 t 变迁的后置状态。该规约表明，单个线程调用计数器，不改变计数器和将计数器加 2 两类操作总是交替执行。

例如，对于 3 次连续的出栈操作中，必有一个操作是令栈顶元素出栈的规约。首先定义谓词 $P_1(s)$，表示状态 s 是由未使栈顶元素出栈的出栈操作的后置状态。$P_1(s)$：$\exists s_1, s_2$，$s_1 \wedge s_2 = s \wedge s_1 \wedge e \wedge s_2 = $ bs $\wedge |s_1| > 0$，其中，bs 表示 s 的前一个状态，$|s_1|$ 表示序列的长度，e 表示一个元素或长度为 1 的一个序列。定义谓词 $P_2(s)$ 表示状态 s 是由使栈顶元素出栈的出栈操作的后置状态，$P_2(s)$：$\exists e, s_1$，$e \wedge s_1 = $ bs。该公平性可以用下面的时序逻辑公式表达：stack$\models G(P_1 \wedge X_{op} P_1 \vee P_2 \to X_{op} X_{op} P_2)$。其中，$X_{op}$ 指下一个出栈操作。

对于一个并发数据结构 Z 和它对应的规约 A，用抽象函数 AF：Zstate $\to$ Astate 映射 Z 的良形的状态（值）到 A 的值。要求抽象函数是满射的，即 A 中的任何一个值至少和 Z 的一个值相对应。仅仅 Z 中良形的状态能够代表 A 中的抽象状态，即 Z 的任何一个良形的状态都能和 A 中的一个值相对应。抽象函数解释了客户端如何抽象地看待并发数据结构实现的内部结构。重命名函数 RF：Zop $\to$ Aop，将并发数据结构的方法名映射到抽象模型的方法名。

定义 6.4（强可线性化） 一个松弛并发数结构 Z 相对于它的规约 A 在抽象函数 AF 映射下是强可线性化的，当且仅当：

（1）$\forall op \in $ Aop，σ_z，σ_a，$\sigma_{a'}$，in，ret，AF$(\sigma_z) = \sigma_a \wedge (\sigma_{a'}, \text{ret}) \in op(\sigma_a, \text{in}) \Rightarrow \exists \sigma_{z'}$，$(\sigma_z, \text{in})RF(op)(\sigma_{z'}, \text{ret}) \wedge $ AF$(\sigma_{z'}) = \sigma_{a'}$。

（2）Z 相对于 A 在抽象函数 AF 映射下是可线性化的，并且对于 Z 的每一个从良形的状态开始的正常终止的执行 $(\sigma_z, H_z, \sigma_z')$，存在一

个 A 的能正常终止的执行 $\left(\mathrm{AF}(\sigma_z), H_a, \mathrm{AF}(\sigma_z')\right)$，使得 $H_z \subseteq H_a$。

直观地讲，条件（1）要求规约 A 的每一次正常终止的执行都对应 Z 的一次正常终止执行；条件（2）在可线性化的基础上，要求并发执行和对应的线性化执行的最终状态保持映射关系。通过类似于普通并发数据结构的强可线性化蕴含观察等价的证明，我们可以得到松弛并发数据结构的正确性标准也蕴含观察等价。

6.4　验证随机出队队列

图 6-1 展示了随机出队队列的代码，该队列由一个单链表实现，并带有一个栈顶指针 Head 和栈底指针 Tail。栈顶指针总是指向链表头节点。栈底指针用来定位链表尾节点，在执行的过程中，它指向链表的最后一个节点或倒数第二个节点。为提高链表操作的效率，头节点用作哑节点，当链表头节点的指针域为空时，代表链表为空。入队操作首先在尾节点处连接一个新的节点，然后将栈底指针指向新的尾节点。类似于 MS 队列，入队操作的这两步并不是原子的完成，当入队操作完成连接新节点时，其他线程可能发现栈底指针没有指向尾节点，从而帮助入队操作完成把栈底指针指向新的尾节点后才开始自己的任务。入队操作没有采用松弛机制，而出队操作可以删除与头节点相隔最多 k 个节点的任意节点。首先，出队操作随机选取 0 到 k 之间的任意一个数（代表出队操作要删除节点的索引，头节点的索引为 0，头节点的下一个节点的索引为 1），如果选择删除节点的索引大于 0，则出队操作从头节点开始遍历队列，直到到达这个索引节点。然后通过 cas 指令尝试将该节点标识为删除节点。如果操作成功，则出队操作返回这个节点的值；如果操作失败，则出队操作重新随机选择一个索引，并尝试删除该索引节点。如果出队操作失败的次数达到设定的阈值，则出队操作选择删除队列的第一个节点（将索引设置为 0）。如果出队操作选择队列的第一个节点，那么队列从头节点开始遍历队

列，删除第一个 delete 标识域为 false 的节点。在遍历的过程中，如果遇到 delete 标识域为 true 的节点，则将头节点的下一个节点指向该节点的下一个节点（正式删除该节点）。

```
N0  class node{                      D13 ranIndex:=0;
N1  int value;                       D14 if (retries < maxt) {
N2  node next;                       D15 retries :=retries + 1;
N3  boolean del;                     D16 ranIndex:= Random(K);
N4  }                                D17 if (ranIndex > 0){
E0  void Enqueue(int x) {             D18 value := TryDeq(ranIndex, next);
E1  node lastNode,nextNode;           D19 if( value !=null )
E2  newNode:= cons(x, null);          D20 return value;
E3  while(true) {                     D21 }
E4  lastNode:=tail;                   D22 while(next!=null&&next.del=true ){
E5  nextNode:=lastNode.next;          D23 if(next!=last&&CAS(head,first,next)){
E6  if(lastNode = tail) {             D24 first := next,
E7  if(nextNode =null) {              D25 next:= next.next;
E8  if(CAS(lastN.next,nextN, newN){   D26 }
E9  CAS(tail, lastNode, newNode);     D27 if( next =null )
E10 break;                            D28 return empty;
E11}                                  D29if(CAS(next.deleted, false, true))
E12 else                             D30 return next.value;
E13 CAS(tail,lastNode,nextNode);      D31}
E14 }                                 D32}
E15 }                                 D33}
E16 }                                 D34 }
E17}                                  D35}
E18}                                  D36}
D0  int Dequeue() {                   T0  valueTryDeq(intranIndex,node next){
D1  retries:=0;                       T1  int i:= 0;
D2  while(true ){                     T2  while (i < ranIndex){
D3  first:= head, last:= tail;        T3  if( next.next =null)
D4  next:= first.next;                T4  break;
D5  if (first =: head) {              T5  next :=next.next;
D6  if (first =: last) {              T6  i :=i + 1;
D7  if(next=: null)                   T7  }
D8  return empty;                     T8  if (CAS(next.del, false, true) )
D9  else                              T9  return next.value;
D10 CAS(tail, last, next);            T10 else
D11 }                                 T11 return null;
D12 else{                             T12 }
```

图 6-1　随机出队队列的代码

·182·

6.4.1　队列的模型规约及抽象函数

队列的模型规约定义如下：

$$\text{Enqueue}(s,x)=\big(s^\frown (x),\varepsilon\big)$$

$$\text{Dequeue}(s)=\begin{cases}(s,\text{empty}) & |s|=0\\ \{(s',e)\mid \exists u,v,\ u^\frown v=s'\wedge u^\frown e^\frown v=s\wedge |u|<|s|\},& 0<|s|\leqslant k\\ \{(s',e)\mid \exists u,v,\ u^\frown v=s'\wedge u^\frown e^\frown v=s\wedge |u|\leqslant k\},& |s|>k\end{cases}$$

其中，队列的模型为一个序列 s；$|s|$ 为序列的长度；e 为入队方法的参数；ε 不同于 empty，表示方法没有返回值。抽象函数定义如下：

$$\text{AF}(Q)=\begin{cases}(), & Q.\text{Head.next}=\text{null}\\ Q.\text{Head.next.value}^\frown AF(Q'), & Q.\text{Head.next}\neq \text{null}\end{cases}$$

其中，$Q'.\text{Head}=Q.\text{Head.next}$。注意：栈底指针的值并不影响队列的抽象状态。队列的抽象值是从链表的第 2 个节点起（头节点为哑节点）到尾节点止的节点数据域构成的序列，因此更新栈底指针并不会修改队列的抽象状态。

6.4.2　入队操作的执行路径及纯化转换

在执行路径中，布尔表达式末尾添加"＋"或"－"表示表达式的值为真/假，cas 指令末尾添加"＋"或"－"表示 cas 操作成功/失败。入队操作中的 while 循环迭代的路径可分为以下三类：

（1）不改变共享的状态，且不能退出循环的迭代路径：

$$-P_1=\big(E_4,\ E_5,\ E_6^-\big)$$

$$-P_2=\big(E_4,\ E_5,\ E_6^+,\ E_7^-\big)$$

$$-P_3=\big(E_4,\ E_5,\ E_6^+,\ E_7^+,\ E_8^-,\ E_{13}^-\big)$$

（2）向后移动尾指针，且不能退出循环的迭代路径：

$$- P_4 = \left(E_4, \ E_5, \ E_6^+, \ E_7^+, \ E_8^-, \ E_{13}^\mp \right)$$

（3）成功连接新节点，且执行后退出循环的迭代路径：

$$- P_5 = \left(E_4, \ E_5, \ E_6^+, \ E_7^+, \ E_8^+, \ E_9^-, \ E_{10} \right)$$

入队操作中的 while 循环迭代的路径可用下面的正则表达式表示：

$$\left(P_1 \mid P_2 \mid P_3 \mid P_4 \right)^* P_5$$

入队操作循环执行前的路径为：

$$P_0 = E_2 = \left(\text{new\_} n := \text{cons}(v, \text{null}) \right)$$

整个入队操作的执行路径可以用如下正则表达式表示：

$$\text{Enq} = P_0^- \left(P_1 \mid P_2 \mid P_3 \mid P_4 \right)^* P_5$$

P_1、P_2 和 P_3 是不改变共享状态的循环迭代，它们是纯代码段。通过删除这些纯代码段，可得到如下入队操作执行路径表达式：

$$\text{Enq}' = P_0^- \left(P_4 \right)^* P_5$$

P_0 用来创建一个新的节点，属线程本地操作，P_4 中原子操作并不访问这个新节点，因此 P_0 中的原子操作可以向右和其他线程中的原子操作交换，如可以向右和 P_4 中的原子操作交换。通过上述转换，得到下面的入队操作执行路径表达式：

$$\text{Enq}'' = \left(P_4 \right)^* P_0^- P_5$$

P_4 虽成功地修改了栈底指针，但不会改变队列的抽象状态。取路径 Enq'' 中子段 $BP = P_0^- P_5$。P_5 中的 E_9 和 E_{10} 并不改变程序的状态，可以将它们删除，得到如下基本路径：

BP'=newNode:=cons(x,null);lastNode:=tail;nextNode : =lastNode.next;
lastNode=tail;nextNode=null;cas(lastN.next,nextNode,newNode);

因 为 newNode:=cons(x,null)， nextNode:=lastNode.next 和

nextNode=null 是线程本地原子操作，根据 Lipton 约简的交换性 1，它们都是双向交换者。因为 cas（lastN.next,nextNode,newNode）是一个成功的 cas 操作，根据交换性 5 可得，lastNode:=tail 是向右交换者。$cas(\&(t.next),t_n,n)^+$ 是非交换者。BP 满足样式 R^*A，因此是可约简的。

6.4.3　出队操作的执行路径及纯化转换

出队操作中的 while 循环迭代的路径可分为以下三类：

（1）不修改共享状态，且不能退出循环的迭代路径：

$$- X_1 = \left(D_3,\ D_4,\ D_5^- \right)$$

$$- X_2 = \left(D_3,\ D_4,\ D_5^+,\ D_6^-,\ D_{10}^- \right)$$

$$- X_3 = \left(D_3,\ D_4,\ D_5^+,\ D_6^+,\ D_7^- \right)$$

（2）向后移动栈底指针，且不能退出循环的迭代路径：

$$- X_4 = \left(D_3,\ D_4,\ D_5^+,\ D_6^-,\ D_{10}^+ \right)$$

（3）执行后退出循环的迭代路径：

$$- X_5 = \left(D_3,\ D_4,\ D_5^+,\ D_6^+,\ D_7^+, D_8 \right)$$

$$- X_6 = \left(D_3,\ D_4,\ D_5^+,\ D_6^-,\ D_{13},\ D_{14}^-, D_{22},\ D_{27}^+,\ D_{28} \right)$$

$$- X_7 = \left(D_3,\ D_4,\ D_5^+,\ D_6^-, D_{14}^-,\ D_{15}, D_{16},\ D_{17}^+,\ D_{18},\ D_{19}^+,\ D_{20} \right)$$

整个出队操作的执行路径可以用如下正则表达式描述：

$$\text{Deq} = (X_1 \mid X_2 \mid X_3 \mid X_4)^* (X_5 \mid X_6 \mid X_7)$$

X_1、X_2 和 X_3 是不改变共享状态的循环迭代，它们是纯代码段，可以删除。通过删除这些纯代码段，可得到如下出队操作执行路径表

达式:

$$Deq' = (X_4)^* {}^\frown (X_5 \mid X_6 \mid X_7)$$

X_4 的影响是向后移动栈底指针,路径中的原子操作不会改变队列的抽象状态。依据基于单路径的抽象约简,不难证明路径 X_5、X_6 和 X_7 是可约简的。

6.5　本章小结

本章采用非确定抽象数据类型作为松弛并发数据结构的规约,即向用户提供的接口。在非确定抽象数据类型的模型上刻画随机行为的概率和因干涉而产生的随机行为。然后,提出松弛并发数据结构的正确性标准,使得该标准能向用户提供观察等价的保证,即松弛并发数据结构观察等价它的规约。针对所提正确性标准,提出相应的验证方法。最后,应用本章提出的方法规约和验证了一个随机出队队列。

第 7 章　结论与展望

7.1　研究总结

本书分析了可线性化标准的局限性，并且在此基础上提出了强可线性化标准。验证并发数据结构强可线性化最困难的部分是验证可线性化。正如 Khyzha 所说，尽管有大量的可线性化验证技术，但要验证复杂并发数据结构的可线性化仍是一项极具挑战性的任务。本书致力于提供简单易用的方法验证并发数据结构的可线性化，具体做了如下几个方面的工作：

（1）提出了并发数据结构的强一致性标准——强可线性化。

可线性化给用户带来的是观察精化的保证，而不是观察等价的保证。即使客户端以和并发数据结构方法非交互的方式直接访问数据结构，可线性化观察精化的保证也会被破坏。针对以上两个局限，本书提出了并发数据结构的强一致性标准——强可线性化，并证明了强可线性化蕴含观察等价和即使在一个允许客户端以兼容的方式直接访问数据结构的程序模型下，强可线性化的观察等价的保证也不会被破坏。本书选择客户端的执行路径作为客户的观察行为，这不仅使客户能够观察到客户端程序的最终状态，而且使客户能够观察到相关的时态属性。对于强可线性化的一种特例，即并发数据结构的实现和规约有相同状态空间的强可线性化（称这个规约为顺序规约），本书揭示了并发数据结构相对顺序规约的强可线性化与相对其他抽象模型的强可线性化之间的联系。直观地讲，顺序规约可视为并发数据结构最大化的原子抽象，即要证明一个并发数据结构相对一个更抽象的模型是强可线性化的，可简化为证明顺序规约和这个抽象模型的相关联系。因为顺序规约和这个抽象模型的方法都是原子的，显然证明后者比证明前者容易得多。

（2）提出了基于抽象约简的可线性化验证方法。

本书提出了基于抽象约简的可线性化验证方法，并应用该方法验证了 MS 无锁队列、DGLM 队列、HSY 栈、数据对快照、基于惰性链表的集合、基于乐观锁的集合等灵巧复杂的并发数据结构。本书提出的基于抽象约简的可线性化验证方法与其他基于 Lipton 约简的可线性化验证方法不同之处在于：①基于抽象的约简仅要求满足抽象语义的子路径是可约简的，而不要求整个路径是可约简的；②把路径约简从单路径扩展到双路径；③对于不可约简的读方法，通过可达性证明把读方法转化成一个可达点，将可线性化证明化简到证明写方法与可达点的约简性。总之，基于抽象约简的可线性化验证方法既保持了 Lipton 约简的简单、直观、易用，也将 Lipton 约简方法应用到更多灵巧复杂的并发数据结构中。

（3）证明了能够简化并发数据结构可线性化验证的两个性质。

对于一个可线性化的并发数据结构的封装扩展，证明了要验证这个封装后的并发数据结构的可线性化，可证明由抽象方法代替它里面的具体方法后生成的并发数据结构的可线性化，显然证明后者要比证明前者容易得多。依据这个结论，使用基于抽象约简的方法验证了一个基于封装扩展的并发哈希表。

对于一个采用抵消优化机制的并发栈，证明了只要正常并发执行（非抵消机制参与的并发执行部分）是可线性化的，那么并发栈就是可线性化的。利用这个结论，可以简化采用抵消优化机制的并发栈的线性化证明。

（4）提出了基于先于偏序关系属性的并发队列和并发栈的可线性化验证方法。

本书提出了基于操作间先于偏序关系属性的并发队列和并发栈的可线性化验证方法，并证明它们是完备的。该方法将并发队列/栈的可线性化证明化简到验证入队/栈操作与出队/栈操作间的先于偏序关系属性，并发数据结构的设计与实现者容易快速掌握和应用这两个方法。本书应用这两个方法验证了 HW 队列、LCRQ 队列、时间戳队列、篮式队列和时间戳栈等极具挑战性的并发数据结构。

（5）规约和验证语义松弛的并发数据结构。

本书将采用非确定抽象数据类型作为松弛并发数据结构的规约（向客户提供的接口）：首先在非确定抽象数据类型的模型上刻画随机行为的概率和因干涉而产生的随机行为；其次，提出松弛并发数据结构的正确性标准，使该标准能为客户提供观察等价的保证即松弛并发数据结构观察等价它的规约；最后，针对所提正确性标准，提出相应的验证方法。

7.2　后续研究工作展望

在未来的工作中，有几个方面值得继续研究与探索：

（1）本书已经给出了基于操作间先于偏序关系属性的并发队列和并发栈的完备的可线性化验证方法，后续可将这种方法扩展到更多其他类型的数据结构中，如集合、哈希表等。

（2）近年来，主流的 CPU 都提供硬件事务内存，支持事务内存的并行机制，出现了许多基于事务内存的并发数据结构。希望后续研究工作扩展本书提出的可线性化验证方法来验证这种类型的并发数据结构。

（3）不同的应用场景对并发数据结构正确性有不同的要求，目前学术界已经提出许多新的一致性标准，但对这些新的一致性标准能为使用这些数据结构的客户提供怎样的保障和如何提供简单易用的方法验证它们的研究有待加强。笔者认为，结合本书的研究理念和研究思路，这些课题值得深入研究与探索。

参考文献

[1] MOORE G E. Cramming More Components onto Integrated Circuits[J]. Proceedings of the IEEE, 1998, 86(1): 82–85.

[2] AMDAHL G M. Validity of the Single Processor Approach to Achieving Large Scale Computing Capabilities[C] // AFIPS Conference Proceedings, Reston: AFIDS Press, 1967: 483–485.

[3] MICHAEL M M, SCOTT M L. Correction of a Memory Management Method for Lock–Free Data Structures[R]. Rochester: University of Rochester, 1995.

[4] LEVESON N G, TURNER C S. An Investigation of the Therac–25 Accidents[J]. Computer, 1993, 26(7): 18–41.

[5] COLVIN R, GROVES L, LUCHANGCO V, et al. Formal Verification of a Lazy Concurrent List–Based Set Algorithm[C] // International Conference on Computer Aided Verification. Springer, Berlin, Heidelberg: 2006: 475–488.

[6] LAMPORT L. Proving the Correctness of Multiprocess Programs[J]. IEEE Transactions on Software Engineering, 2006 (2): 125–143.

[7] SHAVIT N. Data structures in the multicore age[J]. Communications of the ACM, 2011, 54(3): 76–84.

[8] HERLIHY M, SHAVIT N. The Art of Multiprocessor Programming [M]. Amsterdam: Elsevier, 2012.

[9] LAMPORT L. How to Make a Multiprocessor Computer that Correctly Executes

Multiprocess Programs[J]. IEEE Trans. Computers, 1979, 28(9):690–691.

[10] HERLIHY M P, WING J M. Linearizability: a Correctness Condition for Concurrent Objects[J]. ACM Transactions on Programming Languages and Systems,1990,12(3): 463–492.

[11] AFEK Y, KORLAND G, YANOVSKY E. Quasi–linearizability: Relaxed Consistency for Improved Concurrency[C] // International Conference on Principles of Distributed Systems. Berlin, Heidelberg: Springer, 2010: 395–410.

[12] HENZINGER T A, KIRSCH C M, PAYER H, et al.Quantitative Relaxation of Concurrent Data Structures[C]//Proceedings of the 40th Annual ACM SIGPLAN–SIGACT Symposium on Principles of Programming Languages.ACM, 2013: 317–328.

[13] HAAS A, HENZINGER T A, HOLZER A, et al. Local Linearizability for Concurrent Container–Type Data Structures[C]// 27th International Conference on Concurrency Theory (CONCUR 2016). Schloss Dagstuhl–Leibniz–Zentrum Fuer Informatik, 2016.

[14] JAGADEESAN R, RIELY J. Between linearizability and Quiescent Consistency[C] // International Colloquium on Automata, Languages, and Programming. Berlin, Heidelberg: Springer, 2014: 220–231.

[15] CASTAÑDA A, RAJSBAUM S, RAYNAL M. Unifying Concurrent Objects and Distributed Tasks: Interval–Linearizability[J]. Journal of the ACM (JACM), 2018, 65(6): 1–42.

[16] ADHIKARI K, STREET J, WANG C, et al. Verifying a Quantitative Relaxation of Linearizability Via Refinement[J]. International Journal on Software Tools for Technology Transfer, 2016, 18(4): 393–407.

[17] BAILIS P, VENKATARAMAN S, FRANKLIN M J, et al. Quantifying Eventual Consistency with PBS[J]. The VLDB Journal, 2014, 23(2): 279–302.

[18] FILIPOVIĆ I, O'HEARN P, RINETZKY N, et al. Abstraction for Concurrent Objects[J]. Theoretical Computer Science, 2010, 411(51–52): 4379–4398.

[19] LIPTON R J. Reduction: A Method of Proving Properties of Parallel Programs[J]. Communications of the ACM, 1975, 18(12): 717–721.

[20] FLANAGAN C, QADEER S. A type and Effect System for Atomicity[C] // the ACM SIGPLAN 2003 Conference. ACM, 2003: 1–12.

[21] FARZAN A, MADHUSUDAN P. Causal Atomicity[C] // International Conference on Computer Aided Verification. Berlin, Heidelberg: Springer, 2006: 315–328.

[22] FLANAGAN C, FREUND S N, QADEER S. Exploiting Purity for Atomicity.[J]. IEEE Transactions on Software Engineering, 2005, 31(4): 275–291.

[23] FREUND S, QADEER S. Checking Concise Specifications for Multithreaded Software[J]. Journal of Object Technology, 2004, 3(6):81–101.

[24] WANG L, STOLLER S D. Runtime Analysis of Atomicity for Multithreaded Programs[J]. IEEE Transactions on Software Engineering, 2006,32(2):93–110.

[25] SINGH V, NEAMTIU I, GUPTA R. Proving Concurrent Data Structures Linearizable[C] // IEEE 27th International Symposium on Software Reliability Engineering (ISSRE). IEEE, 2016: 230–240.

[26] WANG L, STOLLER S D. Static Analysis of Atomicity for Programs with Non-Blocking Synchronization[C] // Proceedings of the tenth Acm Sigplan Symposium on Principles and Practice of Parallel Programming. ACM, 2005: 61–71.

[27] GROVES L. Verifying Michael and Scott's Lock–Free Queue Algorithm Using Trace Reduction[C]// Proceedings of the Fourteenth Symposium on Computing: the Australasian Theory–Volume 77. Australian Computer Society Inc., 2008: 133–142.

[28] GROVES L. Reasoning about Nonblocking Concurrency Using Reduction[C] // 12th IEEE International Conference on Engineering Complex Computer Systems (ICECCS 2007). IEEE, 2007: 107–116.

[29] GROVES L. Trace–Based Derivation of a Lock–Free Queue Algorithm[J]. Electronic Notes in Theoretical Computer Science, 2008, 201: 69–98.

[30] LAMPORT L, SCHNEIDER F B. Pretending Atomicity[R]. Palo Alto, California: Digital Equipment Corporation, 1989.

[31] GROVES L, COLVIN R. Derivation of a Scalable Lock−Free Stack Algorithm[J]. Electronic Notes in Theoretical Computer Science, 2007, 187(1−2): 55−74.

[32] ELMAS T, QADEER S, TASIRAN S. A Calculus of Atomic Actions[J]. ACM SIGPLAN Notices, 2009, 44(1): 2−15.

[33] ELMAS T, QADEER S, SEZGIN A, et al. Simplifying Linearizability Proofs With Reduction and Abstraction[C]// International Conference on Tools and Algorithms for the Construction and Analysis of Systems. Berlin, Heidelberg: Springer, 2010: 296−311.

[34] DONGOL B, DERRICK J. Verifying Linearisability: A comparative Survey[J]. ACM Computing Surveys (CSUR), 2015, 48(2): 19.

[35] QADEER S, SEZGIN A, TASIRAN S.Back and Forth: Prophecy Variables for Static Verification of Concurrent Programs[R].Redmond, WA: Microsoft Research Microsoft Corporation, 2009.

[36] DOHERTY S, GROVES L, LUCHANGCO V, et al. Formal Verification of a Practical Lock−Free Queue Algorithm[C]// International Conference on Formal Techniques for Networked and Distributed Systems. Berlin, Heidelberg: Springer, 2004: 97−114.

[37] COLVIN R, DOHERTY S, GROVES L. Verifying Concurrent Data Structures by Simulation[J]. Electronic Notes in Theoretical Computer Science, 2005, 137(2): 93−110.

[38] DOHERTY S, MOIR M. Nonblocking Algorithms and Backward Simulation[C]// International Symposium on Distributed Computing. Berlin, Heidelberg: Springer, 2009: 274−288.

[39] SCHELLHORN G, WEHRHEIM H, Derrick J. How to Prove Algorithms Linearisable[C]// International Conference on Computer Aided Verification. Berlin, Heidelberg: Springer, 2012: 243−259.

[40] DERRICK J, SCHELLHORN G, WEHRHEIM H. Verifying Linearisability with Potential Linearisation Points[C]// International Symposium on Formal Methods.

Berlin, Heidelberg: Springer, 2011: 323–337.

[41] DERRICK J, WEHRHEIM H. Using Coupled Simulations in Non–Atomic Refinement[C]// International Conference of B and Z Users. Berlin, Heidelberg: Springer, 2003: 127–147.

[42] DERRICK J, DOHERTY S, DONGOL B, et al. Verifying Correctness of Persistent Concurrent Data Structures[C]// International Symposium on Formal Methods. Cham :Springer, 2019: 179–195.

[43] DERRICK J, SCHELLHORN G, WEHRHEIM H. Proving Linearizability Via Non–Atomic Refinement[C]// International Conference on Integrated Formal Methods. Berlin, Heidelberg: Springer, 2007: 195–214.

[44] BOUAJJANI A, EMMI M, ENEA C, et al. Proving Linearizability Using Forward Simulations[C]// International Conference on Computer Aided Verification. Cham: Springer, 2017: 542–563.

[45] JONES C B. Tentative Steps Toward a Development Method for Interfering Programs[J]. ACM Transactions on Programming Languages and Systems (TOPLAS), 1983, 5(4): 596–619.

[46] VAFEIADIS V. Modular Fine–Grained Concurrency Verification[D]. Cambridge: University of Cambridge, 2008.

[47] VAFEIADIS V, PARKINSON M. A marriage of Relyguarantee and Separation Logic[C]// International Conference on Concurrency Theory. Berlin, Heidelberg: Springer, 2007: 256–271.

[48] VAFEIADIS V, HERLIHY M, HOARE T, et al. Proving Correctness of Highly–Concurrent Linearisable Objects[C]// Proceedings of the Eleventh ACM SIGPLAN Symposium on Principles and Practice of Parallel Programming. New York: ACM, 2006: 129–136.

[49] VAFEIADIS V. Automatically Proving Linearizability[C]// International Conference on Computer Aided Verification. Springer, Berlin, Heidelberg, 2010: 450–464.

[50] LIANG H J, FENG X Y.Modular Verification of Linearizability with Non–Fixed Linearization Points[J].ACM SIGPLAN Notices，2013，48（6）：459–470.

[51] LIANG H J, FENG X Y, FU M.A Rely-Guarantee-Based Simulation for Verifying Concurrent Program Transformations [J]. ACM SIGPLAN Notices, 2012, 47（1）: 455-468.

[52] ABADI M, LAMPORT L. The Existence of Refinement Mappings[J]. Theoretical Computer Science, 1991, 82(2): 253-284.

[53] KHYZHA A, DODDS M, GOTSMAN A, et al. Proving linearizability Using Partial Orders[C]// European Symposium on Programming. Berlin, Heidelberg: Springer, 2017: 639-667.

[54] BÄUMLER S, SCHELLHORN G, TOFAN B, et al. Proving Linearizability with Temporal Logic[J]. Formal Aspects of Computing, 2011, 23(1): 91-112.

[55] TOFAN B, SCHELLHORN G, REIF W. Formal Verification of a Lock-Free Stack with Hazard Pointers[C]// International Colloquium on Theoretical Aspects of Computing. Berlin, Heidelberg: Springer, 2011: 239-255.

[56] SCHELLHORN G, TOFAN B, ERNST G, et al. Interleaved Programs and Rely-Guarantee Reasoning with ITL[C]// 2011 Eighteenth International Symposium on Temporal Representation and Reasoning. Nek York: IEEE, 2011: 99-106.

[57] TOFAN B, BÄUMLER S, SCHELLHORN G, et al. Temporal Logic Verification of Lock-Freedom[C]// International Conference on Mathematics of Program Construction. Berlin, Heidelberg: Springer, 2010: 377-396.

[58] ABRIAL J R. Modeling in Event-B: System and Software Engineering[M]. Cambridge: Cambridge University Press, 2010.

[59] ABRIAL J R, CANSELL D. Formal Construction of a Non-Blocking Concurrent Queue Algorithm (a Case Study in Atomicity).[J]. J. UCS, 2005, 11(5): 744-770.

[60] GAO H, FU Y, HESSELINK W H.Verification of a Lock-Free Implementation of Multiword LL/SC Object[C]//2009 Eighth IEEE International Conference on Dependable, Autonomic and Secure Computing.New York: IEEE, 2009: 31-36.

[61] GAO H, HESSELINK W H. A General Lock-Free Algorithm Using Compare-

and–Swap[J]. Information and Computation, 2007, 205(2): 225–241.

[62] DRĂGOI C, GUPTA A, HENZINGER T A. Automatic Linearizability Proofs of Concurrent Objects with Cooperating Updates[C]// International Conference on Computer Aided Verification. Berlin, Heidelberg: Springer, 2013: 174–190.

[63] JONSSON B. Using Refinement Calculus Techniques to Prove Linearizability[J]. Formal Aspects of Computing, 2012, 24(4–6): 537–554.

[64] HENZINGER T A, SEZGIN A, VAFEIADIS V. Aspect–Oriented Linearizability Proofs[C]// International Conference on Concurrency Theory. Berlin, Heidelberg: Springer, 2013: 242–256.

[65] BOUAJJANI A, EMMI M, ENEA C, et al. On Reducing Linearizability to State Reachability[J]. Information and Computation, 2015, 261: 383–400.

[66] ABDULLA P A, HAZIZA F, HOLÍK L, et al. An integrated Specification and Verification Technique for Highly Concurrent Data Structures[C]// International Conference on Tools and Algorithms for the Construction and Analysis of Systems. Berlin, Heidelberg: Springer, 2013: 324–338.

[67] ABDULLA P A, JONSSON B, TRINH C Q. Automated Verification of Linearization Policies[C]// International Static Analysis Symposium. Berlin, Heidelberg: Springer, 2016: 61–83.

[68] O'HEARN P W, RINETZKY N, VECHEV M T, et al. Verifying Linearizability with Hindsight[C]// Proceedings of the 29th ACM SIGACT–SIGOPS Symposium on Principles of Distributed Computing. New York: ACM, 2010: 85–94.

[69] VECHEV M, YAHAV E, YORSH G. Experience with Model Checking Linearizability[C]// International SPIN Workshop on Model Checking of Software. Berlin, Heidelberg: Springer, 2009: 261–278.

[70] LIU Y, CHEN W, LIU Y A, et al. Verifying Linearizability via Optimized Refinement Checking[J]. IEEE Transactions on Software Engineering, 2012, 39(7): 1018–1039.

[71] CERNÝ P, RADHAKRISHNA A, ZUFFEREY D, et al. Model Checking of Linearizability of Concurrent List Implementations[C]// International Conference

on Computer Aided Verification. Berlin, Heidelberg: Springer, 2010: 465–479.

[72] OZKAN B K, MAJUMDAR R, NIKSIC F. Checking Linearizability Using Hitting Families[C]// Proceedings of the 24th Symposium on Principles and Practice of Parallel Programming. New York: ACM, 2019: 366–377.

[73] OZKAN B K, MAJUMDAR R, NIKSIC F. Checking Linearizability Using Hitting Families[C]// Proceedings of the 24th Symposium on Principles and Practice of Parallel Programming. New York: ACM, 2019: 366–377.

[74] GANGE G, NAVAS J A, SCHACHTE P, et al. Abstract Interpretation over Non-Lattice Abstract Domains[C]// International Static Analysis Symposium. Berlin, Heidelberg: Springer, 2013: 6–24.

[75] AMIT D, RINETZKY N, REPS T, et al. Comparison under Abstraction for Verifying Linearizability[C]// International Conference on Computer Aided Verification. Berlin, Heidelberg: Springer, 2007: 477–490.

[76] ABDULLA P A, JONSSON B, TRINH C Q. Fragment Abstraction for Concurrent Shape Analysis[C]// European Symposium on Programming. Cham: Springer, 2018: 442–471.

[77] TREIBER R K.Systems Programming：Coping with Parallelism [R]. San Francisco Bay： IBM Almaden Research Center， 1986.

[78] MICHAEL M M， SCOTT M L.Simple, Fast, and Practical Non-Blocking and Blocking Concurrent Queue Algorithms [R]. Rochester： University of Rochester， 1995.

[79] DOHERTY S, GROVES L, LUCHANGCO V, et al. Formal Verification of a Practical Lock-free Queue Algorithm[C]// International Conference on Formal Techniques for Networked and Distributed Systems. Berlin, Heidelberg: Springer, 2004: 97–114.

[80] HENDLER D, SHAVIT N, YERUSHALMI L. A Scalable Lock-Free Stack Algorithm[C]// Proceedings of the Sixteenth Annual ACM Symposium on Parallelism in Algorithms and Architectures. New York: ACM, 2004: 206–215.

[81] HARRIS T L, FRASER K, PRATT I A. A Practical Multi-Word Compare-and-Swap Operation[C]// International Symposium on Distributed Computing. Berlin, Heidelberg: Springer, 2002: 265-279.

[82] HELLER S, HERLIHY M, LUCHANGCO V, et al. A Lazy Concurrent List-Based Set Algorithm[C]// International Conference On Principles of Distributed Systems. Berlin, Heidelberg: Springer, 2005: 3-16.

[83] MORRISON A, AFEK Y. Fast Concurrent Queues for x86 processors[J]. ACM SIGPLAN Notices, 2013, 48(8): 103-112.

[84] HOFFMAN M, SHALEV O, SHAVIT N. The Baskets Queue[C]// International Conference on Principles of Distributed Systems. Berlin, Heidelberg: Springer, 2007: 401-414.

[85] HAAS A, DODDSA M, KIRSCH C M. Fast Concurrent Data Structures through Explicit Timestamping[D]. Salzburg University of Salzburg, 2015.

[86] DODDS M, HAAS A, KIRSCH C M. A Scalable, Correct Time-Stamped Stack[J]. ACM SIGPLAN Notices, 2015, 50(1): 233-246.

[87] SZPILRAJN E. Sur l'Extension de l'ordre Partiel[J]. Fund. Math, 1930(16): 386-389.

[88] HOARE C A R. An Axiomatic Basis for Computer Programming[J]. Communications of the ACM, 1969,12(10):576-580.

[89] HOARE C A R. Proof of Correctness of Data Representation[J]. Acta Informatica, 1972: 271-281.

[90] O'HEARN P, REYNOLDS J C, YANG H. Local Reasoning about Programs that Alter Data Structures[C]// International Workshop on Computer Science Logic. Berlin, Heidelberg: Springer, 2001: 1-19.

[91] REYNOLDS J C. Separation Logic: A logic for Shared Mutable Data Structures[C]// Proceedings 17th Annual IEEE Symposium on Logic in Computer Science. New York: IEEE, 2002: 55-74.

[92] ISHTIAQ S S, O'HEARN P W. BI as An Assertion Language for Mutable Data Structures[J]. ACM SIGPLAN Notices, 2001: 14-26.

[93] WEN T L, PENG J, YOU Z. Soundness of Conjunction Rule in Concurrent Separation Logic[J]. Journal of Computational Information Systems, 2014, 10(16): 6833–6847.

[94] GOTSMAN A, YANG H. Liveness–Preserving Atomicity Abstraction[C]// International Colloquium on Automata, Languages, and Programming. Berlin, Heidelberg: Springer, 2011: 453–465.

[95] GOTSMAN A, YANG H. Linearizability with Ownership Transfer[C]// International Conference on Concurrency Theory. Berlin, Heidelberg: Springer, 2012: 256–271.

[96] BROOKES S. A semantics for Concurrent Separation Logic[J]. Theoretical Computer Science, 2007, 375(1–3): 227–270.

[97] LAMPORT L. How to Write a 21st Century Proof[J]. Journal of Fixed Point Theory and Applications, 2012, 11(1): 43–63.

[98] HE J, HOARE C A R, SANDERS J W. Data Refinement Refined Resume[C]// European Symposium on Programming. Berlin, Heidelberg: Springer, 1986: 187–196.

[99] HOARE C A R, JIFENG H, SANDERS J W. Prespecification in Data Refinement[J]. Information Processing Letters, 1987, 25(2): 71–76.

[100] PLOTKIN G D. LCF Considered as a Programming Language[J]. Theoretical Computer Science, 1977, 5(3): 223–255.

[101] BOUAJJANI A, EMMI M, ENEA C, et al. Tractable Refinement Checking for Concurrent Objects[J]. Acm Sigplan Notices, 2015, 50(1): 651–662.

[102] COHEN E, LAMPORT L. Reduction in TLA[C]// International Conference on Concurrency Theory. Berlin, Heidelberg: Springer, 1998: 317–331.

[103] COHEN E. Separation and Reduction[C]// International Conference on Mathematics of Program Construction. Berlin, Heidelberg: Springer, 2000: 45–59.

[104] BOUAJJANI A, ENEA C, MUTLUERGIL S O, et al. Reasoning about TSO

Programs Using Reduction and Abstraction[C]// International Conference on Computer Aided Verification. Cham: Springer, 2018: 336–353.

[105] BACK R J R. A Method for Refining Atomicity in Parallel Algorithms[C]// International Conference on Parallel Architectures and Languages Europe. Berlin, Heidelberg: Springer, 1989: 199–216.

[106] LAMPORT L. A Theorem on Atomicity in Distributed Algorithms[J]. Distributed Computing, 1990, 4(2): 59–68.

[107] WEN T L，SONG L，YOU Z. Proving Linearizability Using Reduction[J]. The Computer Journal，2019，62（9）：1342–1364.

[108] MICHAEL M M. Scalable Lock–Free Dynamic Memory Allocation[J]. ACM Sigplan Notices, 2004, 39(6): 35–46.

[109] 揭安全 . Apla–Java 可重用部件库并行、并发机制的研究 [D]. 南昌：江西师范大学 , 2003.

[110] XUE J Y. A unified Approach for Developing Efficient Algorithmic Programs[J]. Journal of Computer Science and Technology, 1997, 12(4): 314–329.

[111] XUE J Y. Two New Strategies for Developing Loop Invariants and Their Applications[J]. Journal of Computer Science and Technology, 1993, 8(2): 147–154.

[112] XUE J Y, Davis R. A Simple Program Whose Derivation and Proof is Also[C]// Proceedings of the 1st IEEE International Conference on Formal Engineering Methods. Hiroshima, Japan, 1997: 132–139.

[113] XUE J Y. Formal Derivation of Graph Algorithmic Programs Using Partition–and–Recur[J]. Journal of Computer Science and Technology, 1998, 13(6): 553–561.

[114] MOIR M, NUSSBAUM D, SHALEV O, et al. Using Elimination to Implement Scalable and Lock–Free Fifo Queues[C]// Proceedings of the Seventeenth Annual ACM Symposium on Parallelism in Algorithms and Architectures. New York: ACM, 2005: 253–262.

[115] AIELLO W, BUSCH C, HERLIHY M, et al. Supporting Increment and Decrement Operations in Balancing Networks[C]// Annual Symposium on Theoretical Aspects of Computer Science. Berlin, Heidelberg: Springer, 1999: 393–403.

[116] SHAVIT N, TOUITOU D. Elimination Trees and the Construction of Pools and Stacks[C]// 7th ACM Symp. on Parallel Algorithms and Architectures. New York: ACM, 1995: 54–63.

[117] LESANI M, MILLSTEIN T, PALSBERG J. Automatic Atomicity Verification for Clients of Concurrent Data Structures[C]// International Conference on Computer Aided Verification. Cham: Springer, 2014: 550–567.

[118] ZOMER O, GOLAN G G, RAMALINGAM G, et al. Checking Linearizability of Encapsulated Extended Operations[C]// European Symposium on Programming Languages and Systems. Berlin, Heidelberg: Springer, 2014: 311–330.

[119] GOLAN G G, RAMALINGAM G, SAGIV M, et al. Concurrent Libraries with Foresight[J]. ACM SIGPLAN Notices, 2013, 48(6): 263–274.

[120] SHACHAM O, BRONSON N, AIKEN A, et al. Testing Atomicity of Composed Concurrent Operations[J]. ACM SIGPLAN Notices, 2011, 46(10): 51–64.

[121] LIU P, TRIPP O, ZHANG X. Flint: Fixing Linearizability Violations[J]. ACM Sigplan Notices, 2014, 49(10): 543–560.

[122] SHACHAM O, YAHAV E, GUETA G G, et al. Verifying Atomicity via Data Independence[C]// Proceedings of the 2014 International Symposium on Software Testing and Analysis. New York: ACM, 2014: 26–36.